U0348303

·行|走|课|堂|概|说·

张子睿　谭军华　罗　蕊 ◎ 著

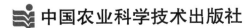中国农业科学技术出版社

图书在版编目（CIP）数据

行走课堂概说／张子睿，谭军华，罗蕊著 . —北京：中国农业科学技术
出版社，2020. 8
ISBN 978-7-5116-4954-6

Ⅰ.①行…　Ⅱ.①张…②谭…③罗…　Ⅲ.①农业院校–实习–教学研究
Ⅳ.①S-40

中国版本图书馆 CIP 数据核字（2020）第 156567 号

责任编辑　史咏竹
责任校对　李向荣

出 版 者　中国农业科学技术出版社
　　　　　北京市中关村南大街 12 号　邮编：100081
电　　话　（010）82105169（编辑室）　　（010）82109702（发行部）
　　　　　（010）82109709（读者服务部）
传　　真　（010）82106626
网　　址　http：//www.castp.cn
经 销 者　各地新华书店
印 刷 者　北京建宏印刷有限公司
开　　本　710mm×1000mm　1/16
印　　张　12. 5
字　　数　212 千字
版　　次　2020 年 8 月第 1 版　2020 年 8 月第 1 次印刷
定　　价　46. 00 元

前　言

　　这不是我第一次出书。对于"序"或"前言"这两个词，也有一点肤浅的理解。一本书需要有"序"或"前言"，主要是给可能阅读这本书的读者们做一个简单说明。

　　算起来，提笔写这本书的时候，距离自己高中毕业和去读大学有30年左右。30年的时间，对于一个国家可能是一个时代；30年的时间，也可以把一名高中毕业生变成一个职场人；30年时间更可以让一个人认识很多人，并寻找到一些理念、目标相同和相近的人一起做一点有意义的事。在读大学的时候，写论文乃至出书是笔者想都不敢想的；但是，读书却是十分积极的。而且，也经常在阅读一本书以后，去实地看一看、走一走。那个时候，头脑中始终有陆游的那句诗在回响："纸上得来终觉浅，绝知此事要躬行。"第一次出书是18年前，导师提出写作方案，又在统稿时为我们这些学生修改。第一次写前言是16年前，自己第一本第一作者的书即将出版，为了赶上学校接受评估，只好自己硬着头皮写了一个前言。从此，本人第一作者的书，自己写"前言"就成了习惯。于是，在合作者的要求下，鼓起勇气接下写这本书"前言"的任务。

　　既然是"前言"就需要说明这是怎样一本书。本书的写作设想起源于几年前与朋友一次关于理论与实践教育如何融合的讨论。从学理出发确定的写作提纲后，笔者认为有些学术专著是只讲理论的，也有些是先讲理论再讲案例，于是，就在想写作这本书的时候可否探索一种不一样的写作顺序：首先，对实践过程的文字总结、经验得失进行介绍；然后，以此为基础对相关的理论问题进行论述。也就是先介绍笔者和朋友的实践探索，后进行理论反思。因此，本书的内容既有笔者对于自己30年来的一些学习、生活点滴的记述，也有笔者合作的科普团队朋友们对于自己工作成果的回顾，还有这些活动的亲历者对于自己收获的反思。选择这种写作体例的目的就在于想先给读者朋友一个实际案例，然后再把作者想阐述的观点写出来，便于读者从直观案例开始理解作者的想法。但是，如何把基于实践的活动定义为相对简单的几个字是一个关键问题，这也是本书书稿基本完成后，还在讨论书名的原因。

2020年5月教育部等八部门发布的《关于加快构建高校思想政治工作体系的意见》（教思政〔2020〕1号）指出："深化实践教育。把思想政治教育融入社会实践、志愿服务、实习实训等活动中，创办形式多样的'行走课堂'。"在学习文件之后，笔者的思路豁然开朗，本书的内容恰恰可以理解为：笔者和朋友对曾经做过的符合"行走课堂"概念内涵和外延的工作总结后，再从理论上对所做的事情进行分析。因此，本书可以定名为《行走课堂概说》。

其实，在高校中，能够有勇气和时间用文字来回忆经历并传达思绪进而进行反思已经实属不易，而且对于这种模式探索也刚刚开始，一定不很成熟。

本书的完成，得到了北京师范大学科学传播与教育研究中心、北京京师同创教育咨询有限公司的大力支持；同时，还要感谢中国农业科学技术出版社策划编辑史咏竹老师等为本书出版付出辛勤劳动的出版界老师。他们为本书的出版做了大量工作，在此向上述朋友们致以最衷心的感谢！

本书可以作为对思想政治教育实践教育活动感兴趣的教师、学生及各界朋友阅读的读物。由于作者水平有限，书中不当之处亦在所难免。恳请领导、专家、教师同行及阅读本书的朋友们批评指正！

张子睿
2020年6月

目　　录

第一章 一篇博文引发的关于"行走课堂"实践属性的思考

第一节 导入案例

在这本书准备定稿时，笔者问了自己一个问题，教育部等八部门发布的《关于加快构建高校思想政治工作体系的意见》（教思政〔2020〕1号）提出的"行走课堂"是一个形象化的概念，有没有符合这一概念的自发和有组织的活动呢？在翻看笔者以前写过的一些博文的时候，发现了这样一篇散记。

回忆两次访问常诚老学长

在北京的初冬，参加完校友文苑的首发仪式，忙忙碌碌地赶往火车站去福州开一个学术会，火车即将到达福州的时候，手机突然响起来。电话接通，是一个已经毕业的学生打来的，电话的那一边传来了一个声音："张老师，贵校常老走了……"

刹那间，我的手有一点颤抖，略微平静一下，问道："什么时间，你怎么知道的？"

"前几天的事，我刚刚在网上看到的消息……"

放下电话，眼角有些湿润，定一定神，两次访问常老的经历慢慢浮现在眼前。

2002年4月，随着答辩的结束，也标志着我全日制研究生生活需要提前一年结束。无所事事中，当时的校团委书记王强师兄问起我，可以不可以在暑假再带一次社会实践，题目是配合80年校庆，做一些历史见证人的寻访。

接受任务后,我通过校团委向校史研究会借来很多资料。一个月的恶补,使我对本科阶段跟着革命史课老师做校史资料整理时留下的记忆逐步系统化。于是,一个"回首八十年,寻访见证人"的采访提纲放到校团委的办公桌上。

暑假,带着4名本科生,1台录像机,顶着骄阳,踏上了开往西安的列车……

西安的收获颇丰,但是走在西北大学校内,徜徉于灞桥上,竟有只能浮想历史沧桑,难见当年爱国青年的遗憾。离开西安的前一天晚上,我拨通了北京校友会的电话,听筒的那一边听清了我的身份,一个慈祥的声音说道:"我叫任大钧,你们出发前,校团委已经托校友总会打过电话,欢迎你们来北京,校友会在东厂胡同有个招待所,离车站很近,你们几号到?我会在校友会等你们。你们主要想采访哪些人?"

"任老,我们主要是想采访母校80年历史上一些历史事件的见证人,比如抗战后的反对'冬令营'事件、'七·五'事件等,主要想采访您、韩(光)老、周(克)老,以及一二·九运动及西安事变前后的老先生,如果可能能否约关(山复)老、王(振乾)老、常(诚)老。"

"看来你功课做得不少,韩老、周老他们是当时学校党组织负责人,我属于共青团,那时好多事情他们比我有发言权,他们都在北京,约应该问题不大;关老夏天在外地避暑,王老、常老年龄较大,我先打电话问一下,他们是否可以接受采访……"

我连说感谢,并约定一天以后见面。见到任老,得到的消息令人振奋,在京的所有老先生均同意接受采访。

第二天9时,我们如约来到长安街上常老家中。架好录像机,老先生招呼大家吃水果、喝饮料,热情地说:"外边天气热,吃点西瓜解暑。"

我拿出采访本开始提问,老先生缓缓地讲述着历史:

"当时东北大学是官费,不要学费、还管饭,我当时报考东北大学就是想给家里省钱,还有当时看到中国落后受人欺负,想实业救国,就考了工学院……"

"1936年12月9日,在西安的东北大学学生,向当局请愿,要求抗日,我当时是参加游行年龄最小的东北大学学生……我们走到灞桥,张校长亲自开车赶到,他拦下学生,说:'我相信你们的爱国热情,但是我要求你们不要去骊山……我不希望你们作无谓的牺牲，相信我会给同学们一个满意的答复。'3天以后西安事变爆发，我参加了革命工作；也就是从那个时候起，我从一个实业救国论者转变成了一个革命救国者……"

采访进行了两个多小时，老先生思路清晰、滔滔不绝，结束采访后，老先生执意要送我们到电梯口，并说："你们是代表东北大学在校生来的，我一定要送的。"

转眼到了9月，来北京工作，在校友会组织的一些纪念活动中，也经常能见到常老先生出席……

2005年适逢抗日战争胜利60周年，为了更好地进行爱国主义教育，团市委暑假社会实践要求寻访抗战亲历人。犹豫再三，还是通过校友会约了常老。

与常老座谈

再次聆听常老讲起熟悉的故事，心情依然激动。学生虽都来自北京本地，但是对那段历史却知之甚少，听得很投入，很感动……

采访结束，学生请求常老写几句勉励的话，常老略加思索，提笔写下："关心国家大事，继续发扬爱国主义精神，为复兴中华民族伟大事业而奋斗。"

当年的12月9日，在我的提议下，几个关注近代史的学生和我一起

常老为青年学生题字

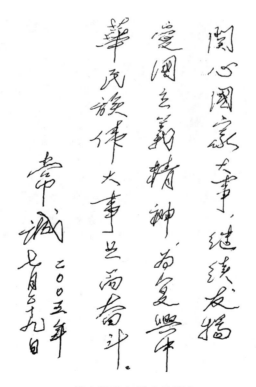

常老给青年学生的题字

沿着东北大学学生当年游行请愿的路线步行了一趟，其间学生们提到常老的题词，倍感亲切！

2010年是"一二·九"运动75周年，校友会座谈会上大家畅所欲言，感情激动中有个重走"一二·九"游行请愿路线的建议却一直没敢说出口。在东北大学读书的6年间，每年的9月18日都独自去一趟"九·一八"残历纪念碑，曾经被同学笑谈"冒傻气"。

今天，独自一个行走在75年前东北大学前辈们走过的路上，心情颇多复杂；突然手机响了，一个做学生工作的同事打来电话，问我在哪里？我说："75年前的今天，热血青年曾走过的路上。"电话那边好像有些茫然，问道："75年前？"我缓缓地问了一句："今天几号？……"

挂断电话，自言自语道："看来又'冒傻气'了！"沿着当年的路线走到尽头，猛然觉得有感而发，不禁问起自己："5年前是5个人，今天是1个人，5年后会是几个人？我还会来吗？"……

> 偶感于北京至福州的列车上
> 完稿于重走"一二·九"运动游行路线之后

第二节　人类实践活动价值的哲学反思

在讨论本书的写作提纲时，笔者拿出了这篇文章供大家讨论。一些朋友提出，弘扬爱国文化、听口述史、实地参观都是很好的方法。因此，在讨论"行走课堂"概念的时候，应该首先理解人类实践活动的价值。

运动和发展中的物质世界会表现出千差万别、无限多样的存在形态。在众多形态的存在中，人类社会本身这种存在对于人类具有特殊意义、需要特别加以认识。如果不能够认识人类社会的内在本质，就不可能对物质世界及其发展规律有完整、正确的理解。

人类社会作为最高的物质运动形式，是宇宙中最为复杂的一种存在，它同其他的自然存在、自然运动形式有着根本性质的区别，在一定意义上可以说，人类社会是自然本身进入自己的否定存在的一种形式，即它由自然而来又对自然进行着能动改造的物质存在形式。

在人类发展历史上，关于实践的论述可以说是源远流长。亚里士多德在《政治学》中就身心教育和训练论述了人的全面发展。他认为，体格和智力全面发展或身心两俱就是"超群拔类"的人。而在我国古代《周礼》中记载的"六艺"（礼、乐、射、御、书、数），是对身心、知情意行、文治武功全面发展的要求。而要达成亚里士多德的"身心两俱"或《周礼》中的"六艺"，都不可能脱离实践的磨炼。

实践是马克思主义哲学的逻辑起点，是马克思主义认识论的基础。实践是人类存在和发展的根本方式，是人类实现自我教育的基本途径之一。在马克思主义者看来，实践"是人们为着满足一定的需要而进行的能动改造和探索物质世界的活动"。实践包括生产实践、处理和变革社会关系的实践以及科学实验。实践不仅可以改造自然界和社会，而且可以改造人类的思维，使人类的思维从此岸到达彼岸，体现有效的导向功能。马克思曾指出："虽然工厂儿童上课的时间要比正规的日校学生少一半，但学到的东西一样多，而且往往更多。"出现这种情况，就是因为实践具有改造人类思维、优化主体的客观教育功能，实践包含着特殊的教育功效。实践是实现人的全面发展的重要途径。

因此，我们认为，要探讨思想政治教育实践价值就需要对人类实践活动价值进行哲学反思。

一、实践是人类社会不可或缺的元素

观察和认识人类社会的根本出发点，反映出不同哲学的观点和原则。马克思主义哲学理论认为：人是以实践为本质的存在，人在实践活动中，首先是生产实践活动中创造了人类社会；实践既是人之所以成为人，而非动物的基础，也是社会从自然分化出来形成社会的基础。要理解人类社会的本质和特征，必须从实践入手并以实践为基础才能得到正确的了解。

（一）实践导致了人类社会的产生

恩格斯指出，劳动是"整个人类生活的第一个基本条件，而且达到这样的程度，以致我们在某种意义上不得不说：劳动创造了人本身"。

恩格斯的伟大贡献，就在于他提出并确立了劳动实践的观点，从而揭示了由自然向社会、由猿向人转变的基础和机制。

人类与动物的最大区别就在于，人类不是从外部环境中摄取自然所提供的现成的物质和能量，而是依靠自己的劳动去创造自己所需要的物质生活资料，通过劳动改变外界物质的自然形态，以满足自己的生存需要，是人所特有的生存方式。所以我们说，劳动是人与动物的最根本分界线。因此，马克思主义哲学在人类社会产生问题上的观点就是：劳动生产是人及其社会存在和发展的基础，人是在劳动生产中形成的。

恩格斯在《劳动在从猿到人转变过程中的作用》一文中详细地论述了这一转变过程。首先，由于劳动，使古猿的不适于抓和握活动的爪，逐步变成了适合劳动的人手。手的形成，意味着它已具有了从事劳动的专门器官。其次，劳动提出了交流信息的需要，由此逐步形成了人类语言。再次，由于劳动和语言，促进了大脑的发展，逐步形成了人类独有的思维器官，发展出了人类的意识、精神。最后，劳动是一种社会化的活动，正是在劳动的基础上形成了人类社会，发展了人类的文化和文明。恩格斯指出："动物仅仅利用外部自然界，单纯地以自己的存在来使自然界改变；而人则通过他所作出的改变来使自然界为自己的目的服务，来支配自然界。这便是人同其他动物的最后的本质的区别，而造成这一区别的还是劳动。"

人和人类社会是在劳动实践中形成的，也是在劳动实践基础上不断发展的。人类形成以后，正是由人自己的实践活动，使人类来自自然，却超越了自然的限制，成为能够改造自然的特殊存在。

（二）人类实践活动的本质分析

古今中外的许多思想家都讲到过"实践"。他们最早是从"实行""践履"的意义上去理解实践这种活动的。"实行""践履"与目的、知道相对应，实践就是指贯彻目的的行动，实现知的行为。在这种理解中，虽然主要限于修身、养性的那种道德性活动，但它已把实践看作是目的性的活动。近代哲学，特别是德国古典哲学，进一步深化了对实践的理解。康德从意志支配的自主活动去理解，把实践看作一种理性自主的道德活动。费希特从自我设立非我的观点出发，使实践从道德领域扩展到整个理性领域，并赋予实践概念以"创造性"的内容和性质。黑格尔总结了这些思想成果，把实践理解为主观改造客观对象的创造性的精神活动。在这种理解中，黑格尔还接触到了劳动生产活动的意义。但是，所有这些理解，都只限制于精神性活动的范围之内。

马克思发现了劳动生产活动是人的最基本的实践活动，而劳动生产活动既体现着人的能动的创造性本质，又属于感性的物质活动。马克思正是把劳动生产实践看成人类全部实践活动的基础，才在认识上把实践的这两种对立的性质统一起来，建立了科学的实践理论。

实践是人类所特有的本质活动。人的活动与动物活动不同。人类在实践活动中总是怀有某种目的，使用特定的工具，采取特定的方法去改造自然对象，从而满足人的生存和生活的需要。人类这种以一定手段有目的地改造外部世界的能动的物质活动，就是实践。因此，我们认为人类实践活动具有如下的特点。

首先，人类实践活动是具有客观现实性的感性活动。人类的实践活动都是在一定目的支配下的有意识的活动，人类正是依靠实践活动才能把思想、观念变成直接现实的对象存在。所以，实践活动与单纯思想、精神的活动是有根本区别的。正如马克思明确指出的，实践是"真正现实的、感性的活动"，即"客观的活动"。

其次，人类实践活动是具有创造性的能动活动。人是有思想、有理性的动物，人类的实践活动是有目的性的活动，活动的目的就是要使客观世界按照人的意志和要求得到改造，从而使自然对象成为满足人的需要的"为我之物"。人在劳动中不仅使自然物发生形式变化，同时还在自然物中实现自己的目的。

最后，人类实践活动是社会性的历史活动。在人类的实践活动中，独立的人类个体是无法同强大的自然力量相对抗，个人只有在社会关系中结合为统一整体，形成超出个体的社会力量，才能战胜自然。人的实践力量是其所处的历史现状影响的，每一时代的人都只能也必须在继承前人实践成果的基础上开始自己的活动。每代人把前代人的实践力量纳入自己的活动之中，从而壮大了自己的实践能力。所以，尽管有时人类的实践活动可以表现为单个人类个体的活动，但在具体的活动中这些单个人类个体却总是凭借人类的力量去同自然发生关系、从事实践活动的。这就是实践的社会性和历史性。

人类的实践活动的过程包括目的、手段、结果三个基本环节。目的是人从事实践活动的出发点，是人类从事活动所追求的目标。实践活动就是凭借一定的手段以实现目的的活动。手段是人对外部对象所采用的作用方式，是目的在客观对象中实现自身的中介。手段依目的选定，并在目的制约下发挥功能，因而手段中体现着强烈的目的性。实践的结果是在外部世界中以客观形式实现了的主观目的，一般表现为劳动产品。马克思指出："劳动的产品就是固定在某个对象中、物化为对象的劳动，这就是劳动的对象化。"

随着物质生产实践的发展，人类在物质生活基础上，又有了精神文化的创造活动。这也是一种社会实践活动，它包括科学实验、文化教育和意识形态的创造等。科学、艺术和教育等实践构成人类总体实践的必要的环节和部分，在人类社会生活中起着越来越重要的作用。

二、实践在人类认识中处于十分重要的基础地位

人类社会的实践活动对认识起着决定的作用，是整个认识过程的基础。实践在认识中的基础性地位或对认识的决定作用，主要表现在以下四个方面。

（一）实践是认识的动力

实践是人们有目的地改造和探索客观世界的物质活动，它总是在一定认识的指导下进行的。人们要改造世界就必须认识世界，认识是适应人类实践活动的需要而产生的。

人类的认识活动，总是为各个时代社会实践的特定需要服务的，科学研究的任务是围绕着人类实践需要这个中心来确定的。在古代，游牧民族和农业民族确定季节、了解气候，以及后来航海的需要，产生了天文学；丈量土地、衡量容积和其他计算上的需要，产生了数学；建筑工程、手工业及战争的需要，产生了力学；天文学和力学的发展又促进了数学的发展。近代资本主义生产的发展，产生了对新动力的需要，在这种需要的推动下，出现了蒸汽机。对蒸汽机的研究和改造，又进一步推动了动力学、热力学和机械学的发展。正如恩格斯指出的："资产阶级为了发展它的工业生产，需要有探索自然物体的物理特性和自然力的活动方式的科学。"

（二）实践为认识提供物质条件

人类实践活动提出的问题归根结底只能依靠实践来解决。实践不仅产生了认识的需要，而且通过创造出必要的物质条件，提供了认识及其发展的可能性。

对于自然科学认识来说，生产实践不是只发考题的主考官。它既提问，又给解决问题提供物质的保证，包括提供经验资料，提供科学研究

所需的实验仪器和工具等。恩格斯指出，近代工业的巨大发展，"不但提供了大量可供观察的材料，而且自身也提供了和以往完全不同的实验手段，并使新工具的制造成为可能。可以说，真正有系统的实验科学，这时候才第一次成为可能"。

恩格斯在谈到唯物史观创立的社会历史条件时指出，近代机器大生产的出现，使社会的阶级关系简单化，使阶级斗争、政治斗争与经济关系、物质生产的联系更清楚地表现出来，使历史的动因与它的结果之间的联系更清楚地表现出来，只有在这时人们才能揭示历史的动因，发现历史发展的规律。他说："在以前的各个时期，对历史的这些动因的探究几乎是不可能的，因为它们和自己的结果的联系是混乱而隐蔽的，在我们今天这个时期，这种联系已经非常简单化了，因而人们有可能揭开这个谜了。"因此，我们认为物质生产实践的发展为人们正确地认识社会历史的本质和规律提供了可能。

（三）实践是认识的来源

实践为认识提供动力和物质条件，这还只是为认识创造了可能。一方面，任何事物在自发存在的状态下是不可能充分显示它多方面的现象的，只有改变它的状态和环境，把它置于各种不同的条件、不同的关系之中，才能使它许多隐匿着的现象呈现出来；另一方面，人们只有使自己的肉体感官同事物的现象接触，才能使这些现象反映到头脑中来，成为感觉经验，从而为把握这一事物的本质和规律准备必不可少的材料。因此，要认识某一对象的本质和规律，就只有亲身参加变革这一对象的实践，除此之外别无他途。要认识某一物质生产的本质和规律，就得参加这种生产过程，进行变革原材料的实践；要认识某一阶级斗争的本质和规律，就得参加这种阶级斗争的过程，进行变革阶级关系的实践；要认识某一物质的结构和性质，就得参加科学实验，进行变革这种物质的实践。实践是认识的唯一来源，"实践出真知"这句话简洁地概括了这一原理。

（四）实践是认识与检验真理性的唯一标准

人们要在实践中实现预想的目的，必须使自己的认识符合客观实际，即符合客观外界的规律性，否则就会失败。因此，对人们改造世界的任务来说，认识是否符合实际是一个至关重要的问题。要检验和判定某种认识是否符合实际，即是否具有真理性，需要有一个客观的可靠的标准，这个标准也只能是实践。这是实践在认识中的基础地位的又一重要内容。

（五）小　结

综上所述，认识是来源于实践，为实践服务，并受实践检验的。离开实践的认识是不可能的。这就是马克思主义关于认识对实践的依赖关系的根本观点。

三、理性认识向实践飞跃是思想政治教育实践活动的理论依据

在思想政治教育实践活动中，理论知识是基础，但是要检验理论的正确性和把理论应用于实践都必须开展实践活动。

首先，由理性认识向实践的飞跃，是理性认识本身发展的要求，是检验理论和发展理论的过程，因而是整个认识过程的一个必不可少的环节。正如毛泽东指出的："理论的东西之是否符合于客观真理性这个问题，在前面说的由感性到理性之认识运动中是没有完全解决的，也不能完全解决的。要完全地解决这个问题，只有把理性的认识再回到社会实践中去，应用理论于实践，看它是否能够达到预想的目的。"这就是说，要检验理性认识是否正确，唯一的途径就是由理性认识能动地飞跃到实践，也就是开展理论指导下的实践活动。

理性认识不但需要检验，而且需要发展。理性认识的发展同样离不开实践。理性认识归根到底还是在实践中对客观事物的反映，是对实践经验的概括和总结。只有让理性认识重新回到实践中去，从不断发展着的实践中汲取新的经验，才能保持自己的生命力，不断地得到丰富和发展。

其次，由理性认识向实践的飞跃，也是实践本身的要求，是整个认识过程的必然归宿。人类把握事物的本质和规律，形成理性认识的根本目的就是在认识世界的基础上自觉地、能动地改造世界。正如毛泽东所说："辩证唯物论的认识运动，如果只到理性认识为止，那么还只说到问题的一半。而且对于马克思主义的哲学说来，还只说到非十分重要的那一半。马克思主义的哲学认为十分重要的问题，不在于懂得了客观世界的规律性，因而能够解释世界，而在于懂得了这种对于客观规律性的认识去能动地改造世界。"

列宁曾说："没有革命的理论，就不会有革命的运动。"毛泽东更为

明确地指出，在一定的条件下，理论可以对实践起主要的决定作用。然而，马克思主义重视理论，正是因为理论能够指导实践。毛泽东指出："如果有了正确的理论，只是把它空谈一阵，束之高阁，并不实行，那么，这种理论再好也是没有意义的。"

人的全部活动无非是两个方面，一是认识世界，二是改造世界，或者说，一是在实践中形成思想，一是在实践中实现思想。第一次飞跃解决的是认识世界、形成思想的问题；第二次飞跃解决的主要是改造世界、实现思想的问题，同时又是认识过程的继续和完成。第一次飞跃是第二次飞跃的准备，第二次飞跃是第一次飞跃的归宿。由于第二次飞跃内在地包含着第一次飞跃的成果，因而它比第一次飞跃具有更大的能动性。正如毛泽东所说："认识的能动作用，不但表现于从感性的认识到理性的认识之能动的飞跃，更重要的还须表现于从理性的认识到革命的实践这一个飞跃。"

开展思想政治教育实践活动，正是把大学生在课堂上学到的思想政治和业务专业理论知识应用到实践中，检验理论的正确性，同时通过实践活动获得新的理性认识，发展理论的一个过程。

第三节　思想政治教育领域实践的核心问题回顾

21 世纪全球竞争的关键在于人才的竞争，人才竞争的基础保障则在于教育。高校是人才的孵化器，肩负着培养人才、造就人才的重要历史使命。在这样一个高速发展的知识经济社会，综合素质、创新精神和实践能力成为衡量人才的重要指标。高校要培养出适应时代要求的合格人才，其教学重点也应该向素质教育转移，把培养学生的创新精神和实践能力作为指导思想：在基础知识和基本理论教学的同时，高度重视学生创新精神和实践能力的培养。然而，如何实施大学生的素质教育，全方位提高学生综合素质，尤其是非专业素质，仍是一个亟待解决的问题。

伟大的人民教育家陶行知先生提出"社会即学校"的观点，并指出："不运用社会的力量，便是无能的教育；不了解社会的需求，便是盲目的教育。倘使我们认定社会就是一个伟大无比的学校，就会自然而然的去运用社会的力量，以应济社会的需求。"

大学生是十分宝贵的人才资源,是民族的希望,是祖国的未来。2004年8月26日《中共中央、国务院关于进一步加强和改进大学生思想政治教育的意见》明确指出,要"积极探索社会实践与专业学习相结合、与服务社会相结合、与勤工助学相结合、与择业就业相结合、与创新创业相结合的管理体制,增强社会实践活动的效果,使大学生在社会实践活动中受教育、长才干、做贡献,增强社会责任感。"在高等教育中社会实践是不可缺少的,它对课堂教育的补充与延伸功能是不可替代的。

进一步加强高校实践育人工作,是全面落实党的教育方针,把社会主义核心价值体系贯穿于国民教育全过程,深入实施素质教育,大力提高高等教育质量的必然要求。教育部①于2012年3月26日发布了《关于进一步加强高校实践育人工作的若干意见》,文件指出:"党和国家历来高度重视实践育人工作。坚持教育与生产劳动和社会实践相结合,是党的教育方针的重要内容。坚持理论学习、创新思维与社会实践相统一,坚持向实践学习、向人民群众学习,是大学生成长成才的必由之路。进一步加强高校实践育人工作,对于不断增强学生服务国家服务人民的社会责任感、勇于探索的创新精神、善于解决问题的实践能力,具有不可替代的重要作用;对于坚定学生在中国共产党领导下,走中国特色社会主义道路,为实现中华民族伟大复兴而奋斗,自觉成为中国特色社会主义合格建设者和可靠接班人,具有极其重要的意义;对于深化教育教学改革、提高人才培养质量,服务于加快转变经济发展方式、建设创新型国家和人力资源强国,具有重要而深远的意义。"

"广泛开展社会调查、生产劳动、志愿服务、公益活动、科技发明、勤工助学和挂职锻炼等社会实践活动。新增生均拨款优先投入实践育人工作,新增教学经费优先用于实践教学。推动建立党政机关、城市社区、农村乡镇、企事业单位、社会服务机构等接收高校学生实践制度。"

"实践教学、军事训练、社会实践活动是实践育人的主要形式。各高校要坚持把社会主义核心价值体系融入实践育人工作全过程,把实践育人工作摆在人才培养的重要位置,纳入学校教学计划,系统设计实践育人教育教学体系,规定相应学时学分,合理增加实践课时,确保实践育

---

① 中华人民共和国教育部,全书简称教育部。

人工作全面开展。要区分不同类型实践育人形式，制定具体工作规划，深入推动实践育人工作。"

"强化实践教学环节。实践教学是学校教学工作的重要组成部分，是深化课堂教学的重要环节，是学生获取、掌握知识的重要途径。各高校要结合专业特点和人才培养要求，分类制定实践教学标准，增加实践教学比重，确保人文社会科学类本科专业不少于总学分（学时）的15%、理工农医类本科专业不少于25%、高职高专类专业不少于50%，师范类学生教育实践不少于一个学期，专业学位硕士研究生不少于半年。要全面落实本科专业类教学质量国家标准对实践教学的基本要求，加强实践教学管理，提高实验、实习、实践和毕业设计（论文）质量。支持高等职业学校学生参加企业技改、工艺创新等实践活动。组织编写一批优秀实验教材。思想政治理论课所有课程都要加强实践环节。"

习近平总书记在全国高校思想政治工作会议上强调："高校思想政治工作关系高校培养什么样的人、如何培养人以及为谁培养人这个根本问题。要坚持把立德树人作为中心环节，把思想政治工作贯穿教育教学全过程，实现全程育人、全方位育人，努力开创我国高等教育事业发展新局面。"

思想政治理论课程是培养社会主义事业新一代接班人的重要一环，在思想政治教育中担负着主渠道功能，思想政治理论课程教学质量的高低，作用效果的强弱事关重大；同时，专业课在对学生思想政治的意识和观念塑造，也将起到重要的作用，也有着重要育人功能。

在做好思想政治理论课教学工作的基础上开发实践教学活动，是提高思想政治理论课吸引力的重要途径。同时，开展有利于学生"世界观、人生观、价值观"养成的社会实践，是对思想政治理论课理论教学和实践教学的有益补充。上述教学和实践活动是开展思想政治教育工作的重要内容。

2020年5月教育部等八部门发布的《关于加快构建高校思想政治工作体系的意见》（教思政〔2020〕1号）文件指出：深化实践教育。把思想政治教育融入社会实践、志愿服务、实习实训等活动中，创办形式多样的"行走课堂"。健全志愿服务体系，深入开展"青年红色筑梦之旅""'小我融入大我，青春献给祖国'主题社会实践"等活动。推动构建政府、社会、学校协同联动的"实践育人共同体"，挖掘和编制"资源图谱",加强劳动教育。

从上述文件不难看出,实践教学活动和课堂专业理论教育是我国当代高等教育体系的两个基本组成部分。思想政治教育领域实践活动作为课堂专业理论教学课的进一步延伸和素质教育的重要载体,对于全面提高大学生的思想道德素质和科学文化素质起到了重要的作用,已经成为当代大学生了解国情、服务社会、增长才干的重要途径和舞台,也得到了广大人民群众的热烈欢迎,显示出蓬勃的生机与活力。因此,开展理论课实践教学和社会实践,培养出有社会责任感的大学生是一项艰巨而有意义的工作。

实践活动教学历来被学校和广大师生所重视,教思政〔2020〕1号文件明确而形象地提出"行走课堂"的概念,为未来大学生实践教育工作指明了方向,也对于大学生更好地通过实践活动了解社会、增强社会责任感拓宽了思路;这也成为本书写作的初衷。但是,由于历史的原因,对社会实践工作存在活动多、总结少的现象。要想更好地推动大学生实践教育工作,为思想政治教育融入实践教育活动提供有效指南,就有必要对思想政治教育工作涉及的实践领域的基本问题、基本概念,以及改革开放以来大学生社会实践活动的发展历程进行回顾、总结与探讨。

一、思想政治教育实践的概念和活动形式

(一)思想政治教育实践的概念

《中共中央、国务院关于深化教育改革,全面推进素质教育的决定》站在国家兴衰、民族存亡、科教兴国的高度,提出实施素质教育的紧迫性、重要性和战略性,规定:"学校教育不仅要抓好智育,重视德育,还要加强体育、美育、劳动技术教育社会实践,使诸方面教育相互渗透、协调发展,促进学生的全面发展和健康成长。"这一规定明确了社会实践在素质教育中的地位,即社会实践是实施素质教育的重要教育环节。要更好地理解思想政治教育实践的内涵和外延,就需要界定思想政治教育实践的概念。

马克思主义哲学辩证地分析了实践的矛盾本性,认为必须从主观与客观、人与世界的对立统一关系中去把握实践。从历史上看,是劳动实践使人类从自然界中分化出来,并使统一的物质世界分化为物质

和精神两个对立的方面。同时，又是由于人的实践活动才使人们的主观意识能够反映客观物质世界，并改造客观物质世界。因此，实践既是主观与客观、人与世界对立的基础，又是使对立双方达到统一的基础。马克思说："环境的改变和人的活动的一致，只能被看作并合理地理解为变革的实践。"列宁说主体和客体、主观和客观的"交错点＝人的和人类历史的实践"。毛泽东则进一步把实践简要地规定为"主观见之于客观的东西"。这些都是从实践的矛盾本性出发对实践概念作出的科学规定。

所谓思想政治教育实践，就是大学生按照思想政治理论课教学大纲和学校培养目标的要求，有目的、有计划、有组织地参与社会政治、经济、文化生活的教育活动。思想政治教育实践活动泛指由共青团组织和学生党组织、思想政治理论课教学部门倡导和负责的活动。这类实践活动的典型特征是以思想政治教育涉及工作为主的实践活动，以提高学生非专业素质和提高学生思想政治水平目标，因此也可以被称为思想政治教育领域社会实践或简称为思政类实践活动。

（二）思想政治类实践活动的形式

分析上述概念，我们认为属于本书定义的思政类社会实践主要包含以下几种。

1. 思政课程和课程思政中的实践环节

思政课程是"思想政治理论课程"的简称。课程思政指以构建全员、全程、全课程育人格局的形式将各类课程与思想政治理论课同向同行，形成协同效应，把"立德树人"作为教育的根本任务的一种综合教育理念。在教育工作中，不论是思政课程还是课程思政都涉及实践环节。这是思想政治类实践活动的最重要形式。

2. 大学生暑期社会实践活动

大学生暑期社会实践活动，从 20 世纪 80 年代开展以来，已经发展成为目前高校中影响力最大的思想政治类实践活动。

大学生暑期社会实践活动是指大学生利用暑期进行的时间相对集中的、大规模、大面积的社会实践活动。其内容十分丰富，包括社会调查（去革命老区、大中企业、乡镇企业、边远山区、经济特区参观访问和调查研究）、社会服务（面对社会各界的科技服务、教育服务、医疗服务、文化服务）、企业咨询（技术咨询、管理咨询）、专业调研（承担某项科研课题，围绕着课题需要进行的调查研究）、科技扶贫、智力支乡、回乡考察、义务劳动、社会宣传、慰问演出，等等。

大学生暑期社会实践活动，每年举办一次，时间集中，参加人数多，社会接触面大，一方面可以促使每个大学生树立理想、坚定信念、了解国情、热爱劳动人民、增长才干，另一方面可以在高校范围内形成关心祖国、面向社会、服务人民的群众观念和良好风尚，是一种十分重要的大学生实践活动形式。

3. 科技、文化、卫生"三下乡"活动

科技、文化、卫生"三下乡"活动是大学生们持续多年的一项社会实践活动，并且已取得了可喜的成果。"三下乡"社会实践活动的内容包括：科技扶助、企业帮扶、文化宣传、医疗服务、法律普及、支教扫盲、环境保护等。在实践中，大学生可以充分发挥自身的知识技能优势，深入到农村乡镇、田间地头乃至农户家中，广泛开展了支教扫盲、文艺下乡、图书站建设、企业咨询会诊、卫生常识普及等多种形式的志愿服务活动，受到了基层干部和人民群众的欢迎。

4. "青年志愿者"活动

大学生"青年志愿者"活动是大学生积极响应团中央号召，利用课余时间和假期开展形式多样的"青年志愿者"活动，大学生通过悬挂横幅、散发传单、现场解说、图片展览、出黑板报等方式，弘扬中华民族的传统美德和新时代先进的道德观念。

大学生"青年志愿者"活动囊括了以大学生利用星期天、节日或平时课余时间走上社会，从事各种义务服务活动（不取报酬）为载体的社会服务活动，以及公益劳动和环境保护活动等多种实践活动。北京奥运期间，大学生"青年志愿者"活动成为奥运志愿者活动的重要组成部分。一句"志愿者的微笑是北京最好的名片"成为中国大学生和中国"青年志愿者"活动的最佳诠释。

5. 社会调查和考察

社会调查是社会实践常用的重要形式。毛泽东同志曾指出，"没有调查就没有发言权"，社会调查一般结合课程学习和论文工作进行，既可以安排在平时，也可以放到寒暑假和节假日，既可以分散进行也可以集中组织。北京市科学技术协会结合大学生暑期社会实践活动，开展大学生暑期社会实践科普调研报告征文比赛，已经成为首都高校大学生展示交流暑假

社会调查和考察成果的平台。

6. 勤工助学活动

勤工助学指大学生利用课余时间，参加体力或智力活动，获得一定的劳动报酬，以资助学习的实践活动，是社会实践活动的有偿形式。高校在组织勤工助学活动中，一般优先安排生活困难、学习刻苦的同学。勤工助学活动有利于培养学生的自强、自立、热爱劳动、艰苦奋斗的精神，树立参与意识，锻炼工作能力。也有利于家庭困难的学生减轻家庭负担，顺利完成学业。

7. 军 训

军训一般安排在大学一、二年级，内容包括军事训练、政治教育、品德作风教育和国防教育。军训有利于大学生克服自我中心意识和懒散作风，树立国防观念、纪律观念和集体观念，培养吃苦耐劳的精神和克服困难的坚强意志。

8. 挂职锻炼

挂职锻炼指学生参加社会实践活动期间，按照社会实践的教育要求，根据学生的个人条件和接受单位的可能性，在社会实践活动接受单位担任某项具体职务的实践活动。如担任乡、镇团委副书记或团委书记助理，中小企业、乡镇企业厂长助理、工程师助理等。主要指组织高年级学生到城乡基层挂职锻炼。这种方式的优点是让学生直接承担一部分基层的管理工作，从"旁观者"变成"当事人"，有利于学生更深入地了解社会、了解国情，更普遍地接触劳动人民，锻炼实际才干。北京市在 1988 年组织了"百乡千厂挂职锻炼"活动，收到了很好的效果。此后，该活动受到团中央的关注，并将其逐步纳入大学生暑期社会实践活动中去。本书作者就于1992 年暑期参加了共青团辽宁团省委和东北大学联合主办的大学生暑期社会实践活动——盖州市乡镇"挂职锻炼团"活动。

9. 党团组织活动

学生党支部和团支部主办的党团活动，如北京举办的红色"1+1"活动等。

在上述实践活动，军训属于专业性很强特殊环节、勤工助学活动大多数属于个人行为，本书不做探讨。本书将在重点关注其余几种社会实践活动，同时探讨社会参与和新媒体价值的问题。

二、思想政治类实践活动的特点和作用

(一) 思想政治类实践活动的特点

思想政治类实践活动作为大学生"受教育、长才干、作贡献"的重要形式,具备以下的特点。

1. 理论和实践双重性

思想政治类实践既有学校教育的属性,又有社会教育的属性,是联结学校教育和社会教育的重要纽带。它不仅仅是理论指导实践的第一课堂的延伸,而且是大学生在实践中形成新的理性认识的基础。

2. 多功能综合协同性

思想政治类实践的教育目标或价值,既可以体现在认知发展、技能形成等业务能力提升方面,也可以体现在情感体验、品德与态度等树立正确的世界观、人生观、价值观方面。在某一实践活动中,既可以对学生主体进行德育,也可以进行智育、体育、美育、劳动技术教育和心理教育等多方面的教育内容,进而达到综合而不是单一的教育目标、任务。

思想政治类实践要求各专业教师之间、学校教师与家长及社会有关机构人员之间相互配合,家庭、学校、社会形成合力,协同完成任务,而且要求学生在充分发挥自己进行评价的同时,充分利用与合作伙伴相互交流、分享成果的机会,培养锻炼人际交往能力和团队合作的精神。

3. 自主参与性和开放性

思想政治类实践是大学生作为社会政治生活、经济生活、文化生活的一员,广泛地参与到广阔的大自然改造和丰富的社会活动之中,亲自接触和感知各种人和事,通过了解社会,从而增加对社会的生活积累,并获得对社会物质文化、精神文化和制度文化的认知、理解、体验和感悟。思想政治类实践的开放性包括活动内容的开放性——在大自然和人类社会的广阔天地中去学习和发展、活动时空与形式的开放性、活动评价的过程和活动开展的开放性等。

4. 稳定性和灵活性

随着高校社会实践的深入开展,在不断探索和总结经验的基础上,为保证该项活动能持久有效地开展,已逐步建立了一套行之有效的规章制度,并已建立了一批"思想政治类实践基地""实践活动定点社区",为思想政治类实践持久、稳定地开展创造了有利的条件。在此基础上,高校有

关部门开始不断尝试用新的运作方式来开展思想政治类实践，从经费筹集到具体形式都不断创新，使思想政治类实践活动不断向前发展。

(二) 思想政治类实践的作用

思想政治类实践作为我国高等教育的一个重要组成部分，在我国高等教育中发挥着不可替代的重要作用。具体地说，思想政治类实践的作用表现在以下几个方面。

1. 促进青年学生的健康成长

思想政治类实践活动使大学生加深对党的基本路线的认识，坚定正确的政治方向；通过使学生接触人民群众，有助于他们加深对人民群众的了解，同人民群众建立感情，树立全心全意为人民服务的思想；通过使学生了解社会对知识和人才的需求，增强勤奋学习、奋发成才的责任感；通过了解改革和建设的长期性和复杂性，克服偏激急躁情绪，增强维护社会稳定的自觉性，并最终促进大学生思想政治素质的提高。

思想政治类实践活动使大学生在实践中检验自己的专业知识和技能，发现自身知识、能力结构的缺陷，主动调整知识和能力结构，培养学生不断追求新知的科学精神，激发学生的学习积极性和主动性。

思想政治类实践活动有利于大学生社会角色的转变，强化其角色类型的分辨能力，角色扮演心态的健全能力，角色的适应能力。社会实践有利于提高大学生的实际工作能力，如心理承受能力、适应能力、人际交往能力、组织管理能力和应变创新能力等。

2. 促进高等教育的改革和发展

思想政治类实践活动可以加强学校与社会的联系，有利于动员社会各个方面的力量，加强和改进高校的思想政治工作，拓宽新形势下加强和改进思想政治工作的新路子，为高校思想政治工作注入生机和活力。

思想政治类实践活动，为学校发现自身办学过程中课程设置、教学与管理等方面与社会要求不相适应的地方创造条件，并主动进行改革，提高办学质量。而且有利于促进学校与社会单位交流，为拓宽合作领域创造可能性。

三、思想政治类实践活动应当坚持的基本方针和原则

(一) 思想政治类实践的方针

"受教育、长才干、作贡献"是社会实践的指导思想。其教育作用主

要表现在两个方面：一是使学生在思想政治方面受到教育，提高思想政治素质；二是使学生在专业上受到锻炼，巩固和深化课堂知识，增长解决实际问题的才干。要始终把"受教育、长才干、作贡献"作为开展社会实践的出发点，尤其是要把思想政治教育放在第一位。"作贡献"是"受教育，长才干"的途径。社会实践不同于课堂教学，也不同于教师指导下的实习，主要通过学生能动地参与实践而发挥教育作用。学生"作贡献"的过程也就是能动地参与实践的过程。要精心安排社会实践的内容，使学生在为社会主义物质文明和精神文明建设作贡献的实践过程中受到教育，增长才干作出贡献。"受教育、长才干、作贡献"的指导方针，完整地概括了社会实践的目的，指明了实现这个目的的途径，我们开展社会实践，应当始终坚持这个指导方针。

（二）思想政治类实践的基本原则

为了更好地贯彻"受教育、长才干、作贡献"的指导方针，在开展社会实践时，还应遵循如下原则。

1. 旗帜鲜明

"旗帜鲜明"就是指在思想政治类实践活动中要坚持以正确政治方向为指导。思想政治类实践活动，作为社会主义高等学校教育不可缺少的组成部分，它必须以马列主义、毛泽东思想、邓小平理论和江泽民"三个代表"重要思想以及科学发展观为指导。坚持"受教育、长才干、作贡献"，以受教育为主的指导方针。

2. 周密策划

"周密策划"就是指在活动开始前要精心组织。在具体工作中要重点把握好三个环节：一是事先进行动员、联系，确定社会实践的内容和形式、参加人员、接待单位、经费来源等；二是活动开展过程中，带队教师、干部和学生骨干进行精心的指导，帮助学生解决在活动过程中遇到的思想问题和实际问题，对于可能出现的消极因素进行引导；三是活动后，对活动成果进行总结、消化，对好的经验进行推广。

3. 因材施教

"因材施教"就是指在活动策划阶段充分考虑学科、年级、专业特点安排活动。应当根据不同学科、不同年级、不同专业学生的思想特点和思想政治教育的要求，有针对性地确定社会实践的思想教育主题和内容、形式，使学生能够通过参加社会实践更好地在思想政治方面受到教育。在具体的工作中要根据不同专业、不同年级学生的专业特点和专业水平，精心安排社会实践的内容。同时发挥专业课教师在社会实践中的指导作用，此外要尽可能地把社会实践同专业实习结合起来。

4. 共赢发展

所谓"共赢发展"，是指社会实践不仅要使学校和学生受益，也要尽可能使活动接受单位受益。因此，在安排社会实践时，除了着重考虑对学生思想教育和专业教育的要求外，还应考虑地方和活动接受单位"两个文明"建设的需要，把社会实践同地方和活动接受单位"两个文明"建设的需要结合起来。努力把学校专业技术上的优势转换成活动接受单位的精神文明成果和现实生产力。

5. 量入为出

"量入为出"就是指在活动策划阶段充分考虑经费、交通、活动接受单位接待能力等方面的限制，安排好思想政治类实践活动。尤其是在大学生暑假社会实践活动中要注意如下三点：首先，多数学生应回到家乡就近开展社会实践；其次，集中组织的社会实践队伍应当精干，选择的活动地点、活动内容应与活动目的相一致；最后，学生在社会实践中，吃、住、行等应从简安排，不应过多增加接待单位的负担，削弱社会实践的效果。

四、思想政治类实践活动所需能力分析

现代社会的发展对各行各业的工作人员的素质要求越来越高，社会主义经济建设需要的人才，是理想、道德、知识、智力与技能，以及体质、心理素质等诸多因素全面发展、相互协调的人才。人才素质的构成是全方位的，它包括人的知识储备、职业素养、表达能力等。

传统的观点认为，人才按其知识和能力结构的类型可以分为学术型（科学型、理论型）、工程型（设计型、规划型、决策型）、技术型（工艺型、执行型、中间型）和技能型（操作型）。工业文明要求大批训练有素的劳动者，这就要求学校按一个统一的模式把成批学生制造成规格化的"标准件"去满足工业文明的需要。现代社会对人才需求是全方位的，对人才的素质要求也是全方位的。在扎实的本专业基础理论和专业应用技能之外，人的非专业素质成为衡量人能力的关键。因此，人才需求的类型与传统的类型有着较大的区别，即便是普通劳

动者也不是简单操作型人才。

适应现代社会的思想政治类实践能力主要有思维能力、表达能力（包括书面表达能力和口头表达能力）和解决问题能力。在此基础之上加上良好的心态就形成了现代人才社会实践能力体系（图1-1）。简而言之，思想政治类实践能力的核心就是以良好的心态创造性解决问题的能力。

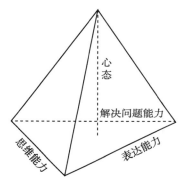

图1-1　现代人非专业能力体系结构

分析图1-1，不难发现要提高思想政治类实践能力，就要首先培养大学生创新精神和实践能力。研究概念本源，创新是一个经济学概念，创造力才是学生能力提高的基础，因此创造型人才才是培养的目标。创造型人才应该具有很强的自主意识，又有良好的合作精神。不仅如此，创造型人才应该同时具有继承性思维、批判性思维和创造性思维。任何创造过程都需要这三类思维的整合。这就要求在培养大学生创新精神过程中，应该在传统教育注重的共性发展、社会本位基础上，注重个性的发展、个人本位，注重传统教育手段和现代教育手段结合：把传统教育注重知识，学生勤奋、踏实、谦虚，与现代教育注重智力开发、综合能力培养，学生兴趣广、视野宽、胆子大、敢冒险结合起来；把传统教育强调知识的严密、完整、系统，与现代教育注重掌握知识的内在精神和发展方向结合起来；把传统教育强调学生基础知识扎实，与现代教育强调学生自立、开拓结合起来；把传统教育强调求实的作风，与现代教育追求浪漫的风格结合起来；把传统教育"学多悟少"，与现代教育"学少悟多"结合起来。上述观念是培养大学生创新精神的核心，也是培养思想政治类实践能力的关键。

五、改革开放以来大学生社会实践活动的发展历程

大学生社会实践活动是最典型、最重要的思想政治类实践活动，因此，熟悉这种实践活动的主要形式和发展历程十分重要。大学生社会实践活动是共青团为贯彻党的教育方针，全方位落实高等教育总体目标的要求，进一步实现实践育人职能，教育与培养青年大学生的有效形式，是共青团组织依靠社会力量，充分整合社会各方面资源共同搭建的实现大学生"受教育、长才干、作贡献"目标的实践舞台。

回顾改革开放以来大学生社会实践活动的发展历程，大致可以分为以下五个阶段。

（一）萌芽阶段（1980—1982年）

"文革"之后，百废待兴。进入20世纪80年代，我国社会面临着前所未有的巨大而深刻的变革。以家庭联产承包责任制为主要形式的农村经济体制改革迅速改变着农村的面貌；城市经济体制改革开始试点，改革开放方兴未艾，人们的思想观念发生着深刻的变化。一些大学生认为他们应该了解这样一个变化，积极参与变革中的生活。1980年，清华大学提出"振兴中华，从我做起，从现在做起"、北京大学提出"团结起来、振兴中华"的倡议，在全国大学生中引起了强烈的反响。许多学校因势利导，从开展"学雷锋，送温暖"活动入手，引导学生把思想付诸实践，并逐步将这一活动由校园扩展到社会。在此前后，北京、上海、山东、辽宁等地一些大学生率先开展了社会调查、咨询服务等活动。1982年2月，北京大学等院校155名家在农村的大学生，在寒假期间就农村实行家庭联产承包责任制以来各方面的情况，进行"百村调查"，写出调查报告157篇。这些活动，使大学生亲身感受到了改革开放政策给社会主义建设带来的勃勃生机和广泛影响，并对国情有了初步的认识。社会实践活动也由此拉开了序幕。

（二）推广阶段（1983—1986年）

1983年10月，团中央、全国学联发出《纪念"12·9"运动48周年开展"社会实践活动周"的通知》，得到各地和高校团组织、学生会的积极响应。1984年5月，团中央在辽宁省召开了高等学校社会实践现场观摩会，明确提出了"受教育、长才干、作贡献"宗旨，进一步倡导和推动全

国社会实践活动。中宣部①、国家教委②对大学生社会实践活动给予了充分的肯定和具体的指导，各地的党政部门也给予了积极的支持和有效的帮助。在各级党组织的领导和支持下，一些地方开始建立思想政治类实践基地，在寒暑假期间出现了集中开展社会实践活动的示范，"社会实践周""社会实践建设营"等形式开展有组织和较大规模的社会实践活动，深入基层参与经济建设，进行技术协作、技术培训、社会调查和义务劳动等社会实践，取得了良好的效果。社会实践活动由自发到有组织地进行，由在局部的高校活动开展发展到向更大的范围推广。

（三）全面展开阶段（1987—1991 年）

1987 年以后，加强高等教育实践性教育问题受到党和政府各级领导和高教界的进一步重视与关注。1987 年 5 月，《中共中央关于改进和加强高等学校思想政治工作的决定》指出了社会实践活动对于培养社会主义事业的建设者和接班人的重要作用，明确了社会实践活动在我国高等教育中的重要地位。1987 年 6 月，国家教委、团中央联合下发了《关于广泛组织高等学校学生参加社会实践活动的意见》，对高校学生参加社会实践活动提出明确要求，社会实践活动作为教育重要的实践环节被纳入教育计划，成为中国特色社会主义高等教育的重要组成部分。1987 年 8 月，团中央下发《共青团中央关于改进和加强高校团的思想政治工作的若干意见》，正式将思想政治类实践定为改进和加强高校团的思想政治工作的重要内容和方法之一，为高校开展大学生社会实践活动提供理论和技术方面的指导。在这一阶段，大学生在共青团组织的组织下，大规模地开展社会调查、考察访问、挂职锻炼、科技咨询、人才培训、技术服务等丰富多彩的社会实践活动，取得了良好的思想教育效果和社会、经济效益，不仅规模进一步扩大，也逐步形成了一些制度和规范。据统计，仅 1990 年暑期参加社会实践活动的学生至少在 100 万人以上，有 20 多个省、自治区、直辖市成立了由领导牵头、有关部门参加的社会实践领导小组，着手把思想政治类实践纳入地方党委、政府的工作日程，使之开始成为一项由学校和地方共同组织实施的社会教育工程。也就是在这一时期，高校对社会实践确立了"受教育"为主的指导思想，其中部分高校开始把社会实践列入教学计划，以顺

---

① 中共中央宣传部，全书简称中宣部。

② 中华人民共和国国家教育委员会（1985—1998 年），全书简称国家教委。1998 年国务院机构改革，将其更名为教育部。

应教育体制的改革潮流。

（四）深化发展阶段（1992—2004 年）

1992 年邓小平南方谈话和 1993 年党的十四大的召开，使我国改革开放和现代化建设事业进入了新的发展阶段。此间，团中央提出了社会实践的"三个一致性"的指导思想，即"社会实践教育与教育的改革和发展相一致""与地方经济发展相一致""与学生自身成长的渴求相一致"。1996 年 12 月中宣部、国家教委、共青团中央下发《关于深入持久开展大学生社会实践活动的几点意见》强调：进一步推动这项活动深入开展，加强这项活动的制度化、规范化建设，充分发挥其在新的形势下对青年学生成长的重要作用。1998 年江泽民同志在北京大学百年校庆上提出"四个统一"希望，教育部下发了深入开展素质教育的文件，2000 年江泽民同志提出"三个代表"重要思想，2002 年党的十六大确立全面建设小康社会的目标，2003 年抗击"非典"，这些大事进一步推动思想政治类实践深入发展。这个阶段的前期（1992—1996 年），以志愿服务活动与社会实践活动相结合，强调大学生在社会实践中"受教育、长才干、作贡献"；后期（1997—2004 年），以"三下乡"与社会实践相结合，组织博士服务团，强调大学生在社会实践中"受教育、长才干、作贡献"，突出"作贡献"这一根本宗旨。有代表性的社会实践活动主要有：①万支大中专学生志愿队暑期科技文化行动；②中国大中学生志愿者扫盲与科技文化服务活动；③中国大中学生志愿者暑期科技文化卫生"三下乡""四进社区"活动；④学习宣传践行"三个代表"重要思想活动；⑤"珍爱生命，防治'非典'"活动；⑥中国青年志愿者科技服务万里行活动；⑦保护"母亲河"行动。其中暑期科技文化卫生"三下乡"活动开展至今，成为大学生暑期社会实践的主要形式。这些活动表明大学生社会实践活动已由初期的单纯使学生"受教育"转变为"受教育、长才干、作贡献"，把社会服务与思想教育、能力培养结合起来，同时逐渐向制度化、基地化方向发展。

（五）规范发展阶段（2005 年至今）

2004 年 10 月中共中央、国务院《关于进一步加强和改进大学生思想政治教育的意见》强调：社会实践是大学生思想政治教育的重要环节，要建立思想政治类实践保障体系，探索实践育人的长效机制。2005 年 2 月中宣部、中央文明办①、教育部、共青团中央《关于进一步加强和改进思想政治类实践的意见》强调：坚持课内与课外相结合，集中与分散相结合，确保每一个大学生都能参加社会实践，确保思想政治教育贯穿于社会实践的全过程。这个阶段大学生社会实践活动以"受教育、长才干、作贡献"为指导方针，紧扣时代发展脉搏，先后开展了"永远跟党走""服务和谐社会建设，提高思想政治素质""科学发展促和谐，服务农村作贡献""勇担强国使命，共建和谐家园""共建家园迎奥运，改革开放伴成长"等主题鲜明的社会实践活动，引导大学生宣传实践党的十六大、十七大精神，在服务新农村建设、支援抗震救灾、投身奥运志愿服务实践中，深入贯彻落实科学发展观，参与共建社会主义和谐社会。这个阶段大学生社会实践活动，进一步深入探索实践育人的长效机制，把社会实践纳入学校教育教学总体规划和教学大纲，规定学时学分，提供必要经费，探索和建立社会实践与专业学习相结合、与服务社会相结合、与勤工助学相结合、与择业就业相结合、与创新创业相结合的管理体制，重视社会实践基地建设，不断丰富社会实践的内容和形式，提高社会实践的质量和效果，极大地推动了大学生社会实践活动的规范化发展。

---

① 中央精神文明建设指导委员会办公室，简称中央文明办。

第二章 从暑假社会实践报告看"行走课堂"指导对策

第一节 导入案例

在一段时间里，很难实现教师全程带学生开展思想政治理论课的过程。因此，大学生暑假社会实践，就成为思想政治教育领域学生可以全员参与的实践形式。做好大学生暑假社会实践指导工作是建设思想政治教育领域的"行走课堂"建设工作的重要抓手。

社会实践报告是大学生暑假社会实践的总结材料，下面我们从一篇实践报告入手，分析指导大学生暑假社会实践建设"行走课堂"的思路。

感悟"张林成现象"[①]

北京市顺义区三农研究会会长张林成，一名长期在基层农业战线工作的退休干部，怀着一份对"三农"问题的执着，退居二线后开始组建北京市顺义区三农研究会。2007年退休后，通过努力使顺义区三农研究会成为顺义区，甚至北京市"三农"研究的典范。研究会和会长个人也多次获得顺义区、北京市、全国先进。荣誉是张林成和顺义三农研究会对"三农"问题研究不懈努力的体现，也为我们呈现了新时期优秀共产党员"退而不休、服务社会"的"张林成现象"。为了深入探究这一现象，笔者带领学生以大学生思想政治理论课社会实践为契机走进北京市顺义区三农研究会进行调研，并将所见所感实录如下。

[①] 本文为北京农学院学生暑假社会实践师生调研小组作品。主要学生作者：李敬玉、崔华星、刘星君、周思、王寿南；指导教师：张子睿。

一、接触"张林成现象"

北京市顺义区三农研究会，2008 年被评为北京市先进社会组织；2009年被评为全国先进社会组织；2011 年，研究会推出的"助力三农"服务项目被评为第一届北京市社会组织公益服务优秀奖，被中共北京市委创先争优活动领导小组、中共北京市委组织部、北京市老干部局授予"老有所为先锋、创先争优旗帜"先进团队称号。

调研小组师生与张林成会长合影

会长张林成 2009 年被 CCTV《聚焦三农》栏目评为"三农人物提名奖"；2012 年 2 月，被评为北京市民政社团系统先进个人；2012 年 3 月，荣获中共北京市顺义区委老干部工作领导小组授予的"离退休干部先进个人"称号；2012 年 6 月，荣获中共北京市委社会工作委员会颁发的"北京市社会领域创先争优优秀共产党员"称号；2012 年 9 月 27 日被评为"第二届北京三农新闻人物"。

品读北京市顺义区三农研究会会长张林成的经历，我们似乎看出荣誉的取得与张林成会长个人的经历是分不开的。张林成，1947 年 3 月出生，中共党员，大专学历。1965 年入伍，在部队 20 年间，历任连、营、团级干部，1985 年转业，先后担任顺义区水产局副局长、区农委副主任、区农委调研员，2007 年退休。从 1986 年至今，一直从事"三农"工作研究，发挥既懂党的政策，又熟悉农村情况的双重优势，多次参与顺义区的农村改革研究、农村政策制定，为破解"三农"问题奠定了坚实基础。顺义区三农研究会自成立后先后建立了"农情联络点""村官接待日"等制度。开展了"惠农政策大讲堂""三农文化展"等多项公益性活动，依托自身的力量著书立说，承担课题研究，积极申报并开展政府购买服务项目，从多渠道开创京郊基层"三农"研究新局面。面对这一切，我们不禁要说，这的确是值得人探究的"张林成现象"。

二、品读"张林成现象"

面对一连串令人振奋的成果，我们感叹"张林成现象"。钦佩之余，我们不禁要问产生"张林成现象"的本质到底是什么？难道退休后继续开展"三农"研究就是一帆风顺的吗？

社会组织参与社会活动存在着很多困难，在深入研究顺义区三农研究会发展历程中，我们发现比较典型的问题体现在"四难"上，而在"四难"的破解上我们看到了一个老共产党员对党的坚定信仰和忠诚。

首先，掌握信息难。由于张林成会长于 2007 年正式退休，因此，参加会议、听报告、阅读相关文件的机会减少了，不可能像在职时迅速获得信息。于是，张会长就采取加强政策理论学习，不断提高政策水平的方法解决问题。认真研读中央一号文件、阅读人民日报、北京日报等党报、党刊上的理论文章。此外，张会长还坚持做剪报收集信息，采访时笔者发现，为了针对农村居民做好垃圾分类宣传，他共制作剪报信息 400 余条，并且按照北京市 16 个区县的行政区划，制作专版总结区县经验，为开展宣讲服务。

其次，下乡调研难。机关进行"三农"调研比较容易，一般打一个电话就会受到热情接待。而顺义区三农研究会作为民间学术性社会组织，没有行政隶属关系，调研困难显而易见。面对这个问题，张会长提出"创建三项工作制度"的思路：第一项工作制度是建设"农情联络点"制度，即在顺义基层村建立农情联络点，并向合作的农情联络点颁发铜牌，作为下乡调研的合作伙伴。2009 年 12 月 28 日，中央电视台在清华大学报告厅举办"三农人物面对面"活动，主持人拿着顺义区近 400 个村书记的名单开始测试，当主持人任意念到哪个村时，张林成会长就把村书记的名字说出来。这次现场问答赢得了中国著名学府学子的阵阵掌声，也说明"农情联络点"制度落到了实处。第二项工作制度是建立"村官接待日"制度，每月 15 日为"村官接待日"，邀请村党支部书记、村主任、大学生村官参加，针对来访者提出的工作中遇到的问题出主意、提对策，帮助其破解难题，并提供招待午餐。这样就形成了第二条交流沟通渠道，把走下去和请上来有机结合起来，拓宽了信息来源。第三项工作制度是创建"双退人员参与制度"，即邀请退休和退居二线的农业副镇长、农委办局干部参加研究会活动，充分发挥这部分老同志熟悉"三农"的优势，为开展调研服务。

再次，筹措资金难。资金困难是民间学术性社会组织发展的难题，在研究会创建之初，采取一切费用个人筹集的办法；然而从长远看，这种方式是难以持久的。于是，张会长提出"开创五条途径"的思路：第一条途径是开展项目合作。研究会利用自己的优势，先后为北京市水务局、农研中心、农委等单位完成研究调查任务，获得项目收入为研究会解决资金问题。第二条途径是努力争取项目立项，《新农村建设顺口溜》2007年被列为北京市哲学社会科学"十一五"规划一般项目，2009年《农村安全用水顺口溜》列入北京市哲学社会科学"十一五"规划重点项目，近期《新型农村社区建设简明读本》又被列入北京市哲学社会科学"十二五"规划重点项目。第三条途径是参与政府购买社会组织服务工程项目，2010年"惠农政策大讲堂"成为首批项目，2011年"助力三农"成为重点项目。第四条途径是实行有偿服务，即帮助基层单位撰写方案、策划书、献计献策，获得报酬。第五条途径是研究成果转化，服务社会。工作中的认真积累带来了收获，近年来张会长围绕"三农"主题，结合农村实际，编著、出版了《为新农村建设支百招》《新农村建设顺口溜》和《农村安全用水顺口溜》等8种图书。《新农村建设顺口溜》被国家农家书屋工程购买3000册；《农村安全用水顺口溜》被北京市水务局作为农村节水、科学用水培训教材下发农村，服务基层百姓；《新型农村社区建设简明读本》一书被北京市社会主义新农村建设领导小组综合办公室选中，作为社会科学普及优秀读物出版、发行。

最后，招聘人才难。研究会成立以来，面试人员1600多人次；但是，社会组织的特点决定了不能为工作人员解决户口等问题，最后应聘的工作人员很少。面对这个问题，张会长采取工作人员满负荷工作的办法，来解决人员不足的问题。

破解"四难"的问题使我们深刻体会到："天下事有难易乎？为之，

则难者亦易矣；不为，则易者亦难矣。"品读张林成会长和顺义区三农研究会克服困难的对策，我们发现张会长对"三农"问题有深厚感情是最为关键的因素，为了开展水务调研，张会长通过朋友联系需要调研的村，自己出钱请被调研人员吃饭、交朋友。自己出钱举办 20 余期"村官接待日"。正是这些真心投入赢得了更多人的支持，通过广交朋友为"三农"创造了条件。也正是这种精神使得研究会完成了"顺义区农民增收问题研究""探索农民用水新机制"等 21 个报告。不仅如此，坚持立党为公思想，积极宣传党的政策和基层新变化，使研究成果更加务实，受到有关部门和广大人民群众的认可，研究会出版的书籍成为顺义区农民喜欢阅读的普及读物，有 40 余个村达到了每户一本的水平。

善于解决难题，更要善于把工作落到实处。帮助农民解决实际问题。

首先，以国家政策为指南帮助基层干部把握工作方向。顺义区石家营村是北京市新农村建设试点村。村长提出要为农民建楼，向张会长咨询。张会长直言不讳地指出："准备用出卖部分住宅筹集资金等于在搞变相房地产是违反国家政策的，而盖房给村民白住是违反市场规律的，在非建设用地上盖楼是违反土地政策的……"在张会长的建议下，该村放弃了建楼计划，把主要精力放在招商引资和解决农民非农就业上，经过不懈努力，先后引入企业 25 家，2011 年完成税收 900 多万元，村集体年收入 200 多万元，农民年人均纯收入 15000 多元。

其次，宣传国家政策，促进基层稳定。顺义区马坡地区马卷村 2000 年土地确权后，村中土地收益按现有农业户籍人口分配，而过世老人和出嫁女，虽有《土地承包经营权证书》，但未能享受此项待遇。于是相关村民持着《土地承包经营权证书》向村委会要土地收益，一时解决不了，便成帮上访，闹得村内动荡不安。后来村书记参加了"村官接待日"，咨询这件事如何解决。张会长明确提出 3 条意见：一是以土地确权 30 年不变大政策为背景；二是以中央"增人不增地，减人不减地"的政策为原则；三是以区政府颁发的《土地承包经营权证书》为依据。按此提示，该村召开了"两委"会议和村民代表大会，作出了按《土地承包经营权证书》进行土地收益分配的决议，并向相关农户补发土地收益，使村内迅速恢复了安定和谐的政治局面。

再次，抓住市场经济特点，帮助农民发展股份合作经济。顺义区龙湾屯镇 108 家农户，在该镇原副镇长、顺义区三农研究会副会长赵旺同志领导下，组建了北京顺双龙牧业有限公司，张会长负责制订改革发展方案及培训任务。经多方努力，该企业得以持续健康发展，2011年，股金分红率为100%，累计分红率560%，且拥有5000多万元的资产，分解到108户股东，平均每户拥有50多万元的产权。

最后，把握农民合作组织发展规律，帮助农民专业合作社编制示范社建设方案。2009年和2010年，中央一号文件明确提出，要大力加强农民专业合作社示范社建设。但什么是示范社？示范社应具备哪些条件？达到什么标准？多数合作社负责人模糊不清。因此，研究会以张镇果品产销专业合作社为案例，为其研究一套行之有效的办法，促使其经济效益增长20%以上，且被评为市级示范社，并得到25万元的资金支持。

对于工作成果，张会长概括为："思想有提升、政策有普及、经济有发展、农民有收益。"工作成绩的取得，也吸引了新闻媒体和社会各界的关注。《北京日报》《京郊日报》《农民日报》《中国改革报》《光明日报》及《老年朋友》等报刊，分别对张会长研究"三农"情况，做了相关报道，而中央电视台、北京电视台、顺义电视台及北京人民广播电台，分别对张会长研究成果做了专题报道。几年间，研究会先后接待前来本会调研参观者达6000多人，其中包括原农业部部长何康、原中共北京市委农工委副书记高华、中国著名"三农"专家温铁军，以及荷兰、芬兰、日本、美国、英国和我国台湾地区的友人。除此之外，张会长也应邀赴清华大学、中国人民大学、北京师范大学、北京工业大学耿丹学院、北京市转业干部培训中心、黑龙江省鸡西市麻山区委区政府等十几家单位，作"三农"研究情况交流。这对弘扬"北京精神"，博采众长，加快文化大发展大繁荣，起到了积极推动作用。

在访谈中，张会长以四句感言概括自己的"三农"研究工作：

> 出身农村不能忘本，
> 融入城市不能忘情，
> 享着小康不能忘恩，
> 服务农民不能忘责。

这四句朴实无华的感言，正是老先生立足顺义区"三农"研究的写照，也是顺义区三农研究会工作指导思想的高度概括。品读"张林成现象"使我们想起一首歌中曾经唱到的：

革命人永远是年轻，

他好比大松树冬夏常青，

他不怕风吹雨打，

他不怕天寒地冻，

他不摇也不动，

永远挺立在山巅。

三、追问"张林成现象"

面对令人感动的事实，我们反问自己"张林成现象"形成的基础是什么？首先应当是发自内心的社会责任感，正如范仲淹在《岳阳楼记》中描述的"居庙堂之高则忧其民，处江湖之远则忧其君"，这是封建时代知识分子的情怀，21世纪的共产党员如何做到"位卑未敢忘忧国"，实现"先天下之忧而忧，后天下之乐而乐"的理想呢？在与张林成交流中，笔者感觉到张林成会长身上的人格特质。笔者认为主要包括以下几个方面。

第一，一直保持平常心。从实职岗位退下来后，对自己重新审视、重新定位，自觉把自己放在普通百姓的位置，并为自己设计新的生活路线图，即在职研究"三农"，退二线研究"三农"，即便退休了，还可继续研究"三农"。从运行的情况看，他把认识转化到实践中，虽已年过花甲，但人老心不老，平和心态好，退休不褪色，奋斗不歇脚，卸任不愿图安逸，甘愿在"三农"路上度晚年。

第二，个人情感系"三农"。他怀着对"三农"的深厚感情，先后走访了全区380多个村庄。在职期间，结合本职工作撰写发表120多篇文章，编写了《顺义区农村改革典型经验汇编》。退居二线后，继续调查研究，围绕党和政府的工作重心，撰写多篇调研报告，汇编成《探索三农路》一书。退休后，凭借研究会这个平台，甘于为农村发展支招献策，先后编著《为新农村建设支百招》等4本农村科普读物。

第三，自我加压促奋进。作为退休干部，组织上已不再安排任务，也没有人让其做什么，可对张会长而言，他把新农村建设这项重大历史任务看成是自己的责任。每年自定目标，自写折子工程，给自己下达任务，自己设法完成，充分利用退休后的时间和智力资源优势，致力于为社会多做一些有益的事。

第四，勇于创新谋率先。北京市顺义区三农研究会作为非营利性社会组织，专门从事农村公益事务研究。研究会所需资金全部自己解决，工作难度很大。然而，在困难面前，他不低头，凭着一股韧劲去开拓创新。"农情联络点""村官接待日制度""惠农政策大讲堂""三农文化展"等活动，在北京市及至全国都是领先，这也是研究会多次获奖的根本原因。

第五，服务社会塑品牌。顺义区三农研究会从创建之日起，张会长就注重打造特色品牌，其含义概括为四句话：即推出精品多，运行质量高，诚信服务好，应用效果强。所编发展方案和所著书籍得到社会广泛认可。除村级组织常找该会帮助出谋划策外，中共北京市委农村工作委员会，北京市水务局及顺义区新农村建设办公室，分别委托其编写相关内容，这些成果对京郊经济社会协助发展起到了引领作用。

"张林成现象"是成功的，顺义区三农研究会的工作人员说这是结合自身特点大胆创新的结果。"张林成现象"的成功原因是什么？

一方面，抓住社会民生热点开展扎实研究是产生"张林成现象"的基础。"三农"问题是党和国家关注的重大问题，2004—2012年每年中央一号文件都围绕"三农"问题，体现了党和国家关注民生，关注基层百姓福祉、服务"三农"的决心。在这一背景下，要使党和国家的政策深入人心、服务百姓，就需要开展党和国家的政策宣讲；同时深入农村基层认真调研，分析地区优势，引导农民真正领会政策，并用政策为指南解决自身问题，为农民脱贫致富。北京市顺义区三农研究会在这一背景下坚持四个围绕：第一，围绕党和政府的工作重心开展农情研究，使所研究的工作与政府的部署相一致；第二，围绕农村改革出现的新情况开展农情研究，使所研究的工作与农村发展相关联；第三，围绕农村干部群众的迫切需求开展农情研究，使所研究的工作与农民群众的呼声相对接；第四，围绕城乡一体化总趋势开展农情研究，使所研究的工作与城乡融合发展相协调。顺义区三农研究会的经验证明，抓住社会民生热点开展扎实研究是解决"三农"问题的必由之路，也是产生"张林成现象"的基础。

另一方面，抓住机遇，大胆创新是"张林成现象"形成的关键。近年来，北京市大力推进社会管理创新工作。在北京市和16个区县成立社会工作委员会。2010年，北京市在全国率先开展政府购买社会组织服务工程。顺义区三农研究会抓住这一机遇，2010年开展的"惠农政策大讲堂"服务项目，被北京市政府购买。要使大讲堂落到实处，就需要针对农民的实际情况提出解决问题的办法。顺义区三农研究会共编著了8本书，并积极开展相关培训推广，使研究成果迅速服务百姓。《新农村建设顺口溜》出版后，不但受到农民的普遍欢迎，还被刷上顺义区多个村的文化墙当作新农村建设的宣传材料。基层干部和农民们都认为这些顺口溜言简意赅、朗朗上口、合辙押韵，读起来省时省事，另外，该书还结合"相关文件""文件解读"和彩色插图来帮助理解，是一本建设新农村的实用工具书。"顺口溜"的成果是深入实际，针对农民实际情况开展工作的一项创举，更是新时期农村工作的一项创新。2011 年，顺义区三农研究会经过深入调研，把"村官接待日""三农文化展""惠农政策大讲堂"三项精品活动整合在一起，形成"助力三农"品牌项目，被北京市政府继续购买；并于 2011 年 10 月 18 日，获得北京市社会建设工作领导小组办公室授予的"第一届北京市社会组织公益服务优秀奖"。

四、反思"张林成现象"

面对"张林成现象"的成功，作为新时代的思想政治理论课教师和大学生会做出怎样的反思呢？

首先，"张林成现象"促使我们关注学习马克思理论的价值。改革开放以来，各种各样的先进经验层出不穷。随之而来形成的理念也成为人们学习关注的热点。在新的历史时期，我们提出建设社会主义核心价值观，北京、上海、武汉等地先后提出了代表地方文化特色的城市精神。一系列先进理念的提出都是以科学理论为基础的。从张林成身上可以看到认真学习马列理论、党和国家政策，并从中找到解决问题办法的重要性。只有认真学习基础理论，才会把先进思想转换为现实中的创新思路。

其次，"张林成现象"促使我们坚信树立人生观的重要性。在访谈中，张林成老先生提到在从军期间，曾经把永争第一的精神投入到各项工作中去，在成为先进人物后，曾经 6 次见到毛泽东主席，两次被毛泽东主席等党和国家领导人亲切接见并合影。老先生说，这些经历不仅是自己宝贵的人生财富，更是自己树立为人民服务人生观的重要因素。坚定的人生观不仅仅是一种理想，更应是将理想变为现实的重要力量。

最后，"张林成现象"促使我们反思践行先进理念的方式。北京市提出了"爱国、创新、包容、厚德"的北京精神。在践行"北京精神"过程中，我们曾经把这 8 个字仅仅作为一种先进的思想理念去学习。而在张林成身上我们看到热爱身边的普通农民就是爱国，积极寻找解决问题的新思路就是创新，对于不理解的声音泰然处之、不争辩、不计较就是包容，扎实工作为百姓尽自己所能办实事就是厚德。只有坚持身体力行，才能真正践行北京精神，才能把理念变成活生生的实际成果，"张林成现象"正是立足自身条件践行北京精神的典范。

通过调研，更加坚定了我们参与公益活动服务社会的信心。在暑假中，我们在其他学校和其他相关学术团体的支持下，参与到村官接待日活动中，并向"村官接待日"捐赠相关图书；与军训所在地政府联系，开展大学生村官创就业报告，并捐赠图书资料。"张林成现象"正在成为我们参与公益活动服务社会的动力，立足自身条件服务社会的理念必将为现代社会建设带来更好的明天。

暑假社会实践是每一个大学生每一年暑假都要参与的活动，也是"行走课堂"的重要形式。多年来的实践表明大学生暑假社会实践活动的最佳方式是学生组成团队、教师参与指导工作并尽可能全程参与，为学生出主意、想办法。因此，结合大学生暑假社会实践活动这种"行走课堂"的典型形式讨论指导大学生暑假社会实践的对策十分必要。

第二节　暑假社会实践设计思路与指导教师发挥作用渠道

做好大学生暑假社会实践活动这种典型"行走课堂"的指导工作，根据学校实际情况设计大学生暑假社会实践活动项目和充分发挥活动指导教师作用是两个关键环节，下面对此逐一进行分析。

一、大学生暑假社会实践活动工作思路分析

高等院校是培养未来社会主义建设者的主力，高等院校在开展大学生暑假社会实践活动时，活动模式的选择是活动成败的关键。

（一）不同类型的大学生暑假社会实践活动模式选择

理性认识所反映的是客观实际中一般的规律性的东西，而人们实践活动的对象总是具体而复杂的，因而理性认识的成果无法直接应用于实践活动。要实现由理性认识向实践的飞跃，就必须首先结合实践活动的特定需要使理性认识具体化，形成和建立一定的实践理念。

所谓实践理念，是指人们在现实的实践活动之前事先建立起来的、关于实践的观念模型或理想的蓝图。马克思说："蜘蛛的活动与织工的活动

相似，蜜蜂建筑蜂房的本领使人间的许多建筑师感到惭愧。但是，最蹩脚的建筑师从一开始就比最灵巧的蜜蜂高明的地方，是他在用蜂蜡建筑蜂房以前，已经在自己的头脑中把它建成了。劳动过程结束时得到的结果，在这个过程开始时就已经在劳动者的表象中存在着，即已经观念地存在着。"

结合具体实践工作，笔者认为根据不同情况采取不同对策是做好工作的关键。

一方面，对于思想政治理论课以外的思政类社会实践可以组建松散的、长期性大学生兴趣小组和策划有特色的活动是一种行之有效的模式。大学生暑假社会实践活动团队建设是一个重要的话题，笔者认为社会实践的目的是提升学生的能力，要实现这个目标就需要从学生发展的长远出发，为兴趣小组建设一两个相对稳定的支撑点组建大学生兴趣小组。首先，该类兴趣小组可以由非专职从事辅导员工作的教师组建，由于兴趣小组不受学生管理部门和共青团组织直接指挥，可以保障确定开展活动的相对独立性；其次，该类兴趣小组最好由专门从事素质教育研究的教师长期指导，在兴趣小组组建初期指导教师可以在课下与学生充分交流，保障了兴趣小组可以充分吸取以前工作的经验和教训；最后，该类兴趣小组应采取逐步选拔学生活动项目负责人形式，形成了兴趣小组的凝聚力，在具体的工作中，准备作为学生活动项目负责人的学生，在学生入学后即开始选拔，使其在大一就进入兴趣小组，感受兴趣小组气氛，并事实上参加每次竞赛项目准备，使其熟悉比赛和活动规则，出现报名人数冲突时，作为已经被确定未来学生活动项目负责人的低年级学生必须退出。这样既形成了兴趣小组的和谐团结气氛，也树立了未来学生活动项目负责人的威信。笔者在工作单位指导学生活动的实践证明，组建长期存在的大学生暑假社会实践活动兴趣小组是保障二类本科院校（以下简称"二本"院校）学生社会实践类活动效率的有效手段。

另一方面，对于思想政治理论课社会实践活动应当根据不同课程采取不同对策。以本科生课程为例，"05方案"的新课程体系"思想道德修养与法律基础""中国近现代史纲要""马克思主义基本原理概论""毛泽东思想和中国特色社会主义理论体系概论"4门必修课程体系体现了综合性、整体性的要求。特点是有史、有论、有应用，有利于大学生在掌握马克思主义理论基础上，从历史与现实的有机结合中，掌握科学的世界观和方法论。开展思想政治理论课社会实践活动的目的是辅助理论教学。"思想道德修养与法律基础"社会实践要帮助学生进一步把握思想道德修养与法律基础的内在联系;"中国近现代史纲要"社会实践要帮助学生从整体上把握近现代史发展的规律,理解"三个选择";"马克思主义基本原理概论"社会实践要帮助学生从整体上把握马克思主义基本原理之间的内在逻辑;毛泽东思想和中国特色社会主义理论体系概论社会实践要帮助学生从纵向的马克思主义中国化的过程来把握中国化马克思主义理论的继承和发展。从横向的理论内容的逻辑展开上把握中国化马克思主义理论的整体性。因此,社会实践方法也不应该千篇一律搞调研或参观。清华大学党委书记陈旭教授总主编的《信仰·信念·信心——清华学子学习思想理论课成果丛书》为开展思想政治理论课社会实践活动提供崭新的思路,《清华学子的中国梦》《清华学子的人生起航》《清华学子理论读经典》《清华学子走进社会》《清华学子谈理想信念》《清华学子看改革开放》《清华学子议国情》《清华学子诗说中国近现代史》《清华学子画说中国近现代史》9 本书为不同的课程提供了可借鉴的模式。但是,需要引起注意的是,清华大学的教师和学生都是国内一流,因此,学生实践作品水平也很高;在借鉴时应该充分考虑学生实际情况,量力而行,不可盲目攀比。

(二)"二本"院校大学生暑假社会实践典型策划案例分析

"二本"院校和高职院校学生人数在当代高等院校学生总数中占比较大,这类院校开展大学生暑假社会实践活动十分重要,也需要进行深入细致的研究。

大学生暑假社会实践作为典型的实践活动,更需要在活动之初建立起来关于实践的观念模型或设想的蓝图。这项工作就是具体活动方案的策划。下面以一个暑假社会实践活动为例分析具体策划案例的产生与实施。

2005 年是抗日战争暨世界反法西斯胜利 60 周年,纪念这一历史事件是该年大学生暑假社会实践的重点。为了更好地开展活动,指导教师于 2005 年 3 月,新学期开学之初即确定了筹备活动的学生,并规定组织活动的学生负责人必须认真研究相关资料同时阅读《半月谈》等主流宣传导向性媒体,领会国家纪念这一历史事件的思路。

2005 年 7 月,该校期末考试结束,指导教师正式组建团队,宣布活动方案,并要求全体学生通读前一阶段小范围学习的资料。在学生基本领会材料后,去抗日纪念馆、赵登禹将军墓、卢沟桥等抗日战争遗迹实地参观学习,同时,采访了 1935 年参加东北大学临潼请愿、亲历西安事变并参加过抗战工作的原国家统计局副局长常诚等历史亲历者（见第一章第一节）。

在参观抗日纪念馆时，由于准备充分，该团队大一学生偶然接受了中央电视台采访，并在《新闻联播》播出。

活动准备充分，活动内容充实，也使得活动总结言之有物，该团队活动获得省级团委授予的"大学生暑假社会实践优秀团队"称号。

因此，学生能力相对不足可以通过早筹划、全面准备、认真组织实施来弥补，这样就能保证活动的效果，让学生有所收获。

二、发挥大学生暑假社会实践活动指导教师作用的基本思路

在大学生暑假社会实践活动中，都会面临短时间的指导教师的不足，要解决这一问题就需要引进"人才柔性流动"概念专业，让更多教师参与大学生暑假社会实践活动，专业教师参与大学生暑假社会实践活动指导不仅可以弥补指导教师的不足，而且可以利用专业教师的参与，以言传身教的方式，促进大学生全面发展，实现更好地建设"行走课堂"的目标。

"人才柔性流动"这一概念，较早出现于 1998 年人力资源管理学著名学者怀特和斯赖尔（Wright & Snell）的著作中，他们认为，处于高度动荡环境中的企业，为了实现员工和组织能力与变化的竞争优势相适应，柔性是非常必要的，是提高组织效率的重要方面。"人才柔性流动"属于人力资源战略管理的范畴，它相对于传统的、固定的、公务员式"人才刚性流动"是在竞争激烈、高度多元化的社会里，一种新的成本、招聘、选拔、培训、绩效考核的人力资源规划和开发方式。它有别于传统的人才流动模式的最突出的特征，通俗地说是"不求所有，但求所用"。这是人们面对全球化人才短缺和人才争夺加剧的挑战，形成的一种全新的人才流动理念。人才"柔性流动"是相对于以往人事流动有诸多限制的"刚性流动"而言的，是指摆脱传统的国籍、户籍、档案、身份等人事制度中的瓶颈约束，在不改变与其原单位隶属关系（不迁户口、不转关系）的前提下，以智力服务为核心，注重人、知识、创新成果等的有效开发与合理利用的流动方式；是突破工作地、工作单位和工作方式的限制，谋求科技创新的商品化及人才本身价值的最大化，充分体现个人工作与单位用人自主的一种来去自由的人才流动方式。这种新的人才流动方式是对人才的企业所有制、地区所有制、国家所有制的一种挑战，即能从更广的角度、更高的效

率配置人才资源，以实现人才与生产要素、工作岗位的最佳结合，做到人尽其才、才尽其用。同时，坚持对人才"不求所有，但求所用"的原则，盘活现有人才，广泛吸引外来人才。

社会实践活动是发动和组织大学生走出校门，深入社会，接触实际、了解国情，是大学生通过实践活动增长才干的大好机会。在大学生暑假社会实践活动中，共青团组织应当充分理解"人才柔性流动"这一概念，引导专业教师参与到大学生暑假社会实践活动指导工作中来。大学生暑假社会实践活动是典型的社会实践活动也是需要指导教师最多的活动，在这一活动中，如果充分发挥指导教师作用开展言传身教，就可以促进学生迅速成长。

大学生暑期社会实践时间相对充裕，活动形式和内容比较丰富，因而对大学生提升能力、增长才干的意义十分重大。大学生暑期社会实践受到了团中央、教育部、高校和广大师生的高度重视。当代大学生是我们祖国和民族的未来。高校"两课"① 教学的重要任务就是要从巩固党的执政地位和培养社会主义建设者和接班人的高度，加强对大学生的政治理论教育；要使大学生自觉地承担起学习、研究和实践邓小平理论和"三个代表"思想、科学发展观，尤其是与时俱进学习新时代中国特色社会主义思想的历史责任，努力成为中国先进生产力的开拓者、先进文化的弘扬者和最广大人民利益的维护者。积极推进上述重要思想进课堂、进教材、进学生头脑工作，是高校"两课"教育教学工作的重要任务。"三进"工作，最关键、最重要、难度最大的问题就是如何使先进思想进入学生头脑。在与多家院校的大学生暑假社会实践考察队带队教师进行座谈和调研的基础上，笔者认为，在社会实践活动中以专业教师的言传与身教为主要手段是实现"进头脑"工作目标的有效手段。要达到这一目标就要在具体工作中做好如下几方面的工作。

（一）坚定的政治信仰和与时俱进的思维是带队教师基本要求

随着经济全球化步伐的加快和社会主义市场经济体制的不断完善，人们的思想方式和行为方式、道德标准和价值观念都在发生着一系列的变化。而当下高校大学生暑假社会实践工作所面对的对象包含了从 20 世纪 90 年代末期到 21 世纪初期出生的群体，这些受教育者出生、成长于改革

① "两课"指我国在普通高校开设的马克思主义理论课和思想政治教育课。

开放发展时期，精力充沛、思维活跃，对新鲜事物关心，并且敢于发表自己的看法。大学生暑假社会实践活动的性质决定了教师与学生必须在近半个月的时间内共同工作和生活，人与人心理距离的缩小，创造了平等交流思想的机会；这样一方面可以使学生与教师、特别是青年教师成为朋友，减少彼此之间探讨问题的拘束感；另一方面也在一定程度上削弱了教师的绝对权威性。基于上述两点，学生们都可能将一些在课堂上并没有提出的问题，特别是与实际的社会现象相关的问题提出来与教师讨论。因此，带队教师需要具备的基本素质就是：对马克思主义有坚定的信仰，同时拥有深厚的理论基础和科学的方法。只有这样才能保证带队教师具有坚定的政治立场、才能保证对学生进行教育的指导思想的正确性和不动摇。

马克思主义具有三大本质特征：一是批判性和革命性，二是实践性，三是科学性。分析马克思主义发展的历程，就会发现科学实践是马克思主义理论的基石。马克思主义是深深扎根于实践、服务于实践，又在实践中不断发展的活生生的理论。马克思主义科学性的主要体现，是其在实践的基础上揭示了自然界、人类社会和思维发展的一般规律。马克思主义所具有的本质特征，使它具有"三不""四注重"的特点：不拘泥于书本，不拘泥于经验，不拘泥于已有的认识；注重对实践经验的理论抽象，注重对事物发展规律的理论揭示，注重对未知世界的理论探索，注重回答新情况、解决新问题、开拓新境界。这是马克思主义最宝贵的品格，也是马克思主义生机和活力的最主要源泉，更是学习和运用马克思主义的指南。在改革、建设和发展的道路上，新情况新问题层出不穷，亟须通过创新尤其是理论创新去解决。"要使党和国家的事业不停顿，首先理论上不能停顿。理论上不能停顿，就要不断推进理论创新。一部马克思主义史，就是一部理论创新的历史。理论创新，是需要我们高高扬起的旗帜。"因此，教师要在社会实践工作中达到良好的效果，就必须在牢固树立坚定的政治信仰的基础上，坚持与时俱进的原则，不断学习和研究理论创新的新成果；保证自身思维始终贴近时代的脉搏。这样，才会及时用新观点、新方法解释新现象，解决学生提出的新问题。

在具体的工作中，教师的言传身教很重要。"其身正，不令而行；其身不正，虽令不从"说的是为官者，但也适应于教师，要求学生接受的一定是教师自身必须认同的，这不仅是课堂上口头的讲授，也应该是活动中的身体力行。试想一个执着于个人得失的人，如何有资格去谈论君子之道？连自己都不相信的东西又如何感动学生？教学相长，不仅指学问，当然包括道德修养。大学生暑假社会实践带队教师在活动中究竟处于什么样的地位，起着什么样的作用？笔者认为，带队教师在这一过程中应该也必须起主导作用，言传身教是社会实践带队教师、特别是青年教师的重要工作。

（二）言传是社会实践中教师对学生进行教育的重要手段

我们不能期望政治理论课程和社会实践能解决所有的人生观、信仰、道德等问题，但是，也同样不能放弃一切可以对学生的人生观和信仰产生影响的机会。马克思主义理论及马克思主义中国化实践成果的生命力，关键在于其理论体系和观点的正确性，同时，也在于其具有供大学生继承、发扬，并作为思想指南的价值。

中华民族五千年文明，不仅留给我们文化的遗产，更留给我们许多道德规范。因此，在社会实践过程中，带队教师应该结合现实社会和学生中的热点问题，结合社会主义建设的基本理论和中华民族传统美德来倡导学生确立或修正其道德意识，在具体的工作中，要处理好传统与现代的关系。引导学生正确区分和对待传统文化中的精华与糟粕。全盘否定固然不对，照单全收也失之偏颇，因此，要用社会主义道德和法制建设的规范对传统的道德规范进行过滤，为学生指明方向。在倡导和弘扬传统道德时一定要根据现实加以分析、补充和更新。因为我们的目的是建设有中国特色的社会主义的道德与文明。传统美德就在我们身边，从新加坡的成功、海尔的经营理念等事例，都可以让人们时刻感受到传统道德的无穷魅力和顽强的生命力，传统文化对现代生活的深厚影响。

当今社会的不良现象虽然是不符合社会主义道德的少数现象，但是，这些现象的存在不可避免地对学生产生影响。在平时的学习和生活中，学生与教师因为存在一些心理距离，往往不会将一些相对尖锐的问题提出来与教师讨论，对在社会实践中学生可能提出的问题带队教师应该有充分的思想、心理、知识准备。首先，带队教师要坚定自己的信仰。作为非政治理论课的其他专业教师，对自身要求往往是做到熟悉并且熟练掌握专业知识、成为本专业的专家，并且成为学生做人、做学问的榜样，就可以成为一名基本合格教师。而对政治理论课教师的基础要求就是坚信自己所讲授的理论，大学生暑假社会实践的带队教师一般都是德育教学和管理工作者以及政治理论课教师，要保证社会实践的效果，教师、特别是青年教师一定要首先把好自己的思想政治关。其次，青年教师由于年龄的原因，容易较快地成为学生的朋友，同时，同样是由于年龄的原因，青年教师与学生的心理距离比较容易拉近。为了保证社会实践的效果，教师、特别是青年教师应该积极调整自己的心态：一方面，应该努力做学生的朋友，在具体的活动过程中给学生行动上以鼓励、帮助；另一方面，应该坚决以教育者身份要求自己，在具体的活动过程中给学生的思想上以启发、引导。最后，面对改革开放以来出现的新事物，大家的看法可能会有所差异，教师、特别是青年教师应该积极学习党和国家的政策，努力用新观点、解释新问题；不仅如此，青年教师还应该积极向老教师请教，以更加系统的理论去教育学生。

（三）身教是社会实践中教师对学生进行教育的有效补充

在大学生暑假社会实践活动中，带队教师要学生共同生活近半个月的时间。教师的一言一行、一举一动都会对学生产生影响，教师应该注意自身的行为，从一点一滴的小事对学生进行身教才会使教育达到更好的效果。

首先，用行为作为表率，可以直接感动学生。因为，教师文明的言谈举止对学生思想品质的形成起着修正作用。教师的一言一行都是教师内在素养的外在体现，都会给学生以潜移默化的作用影响；而学生在大学生暑假社会实践活动中也正是通过这一点来了解带队教师的思想，"桃李不言，下自成蹊"，教师注重修养，注意言行，处处给学生做出表率，言教辅以身教，身教重于言教，学生受到影响，其不良的行为和习惯受到约束，得到修正。

当代大学生多数为独生子女，自尊心都比较强；在社会实践活动中，带队教师如果一看到学生在某个方面有点滴的不足，就马上会直截了当地指出，甚至责怪学生这也不对那也不是。虽然，工作方式比较直接，但是，这样却不一定会有比较明显的效果。一般情况下，学生不但不愿意接受这样的管理方式，反而对这样的管理方式有明显的反感，甚至产生一种逆反心理。事实上，学生并不喜欢这样的管理方式，他们希望与老师建立一种亲密的朋友关系，一种平等的朋友关系。分析学生的思想状态后，我们不难发现在社会实践活动中身教比言教更为重要。

其次，大处着眼，从小事做起。学生的思想政治教育必须从大处着眼。教育者必须认识到青年是继往开来的一代，是跨世纪的建设者，是祖国的未来。新一代的青少年必须是关心社会、关心集体、关心他人、爱护公物、遵守公共秩序、文明有礼的一代。青少年公德能否做到这一点将关系到祖国的兴衰成败。"一屋不扫，何以扫天下"。如果一个人连起码的社会公德都不具备，又怎能有崇高的理想、高尚的情操呢？为此，公德教育又必须从小事做起。带队教师不妨从学生在社会实践活动中碰到的小事抓起，从遵守纪律、遵守公共秩序、爱护公物、讲究卫生、帮助身边有困难的人等做起，用自己的所作所为促使学生自我管理，促进学生的行为养成。只要带队教师能在社会实践活动中从细微处要求，从小事做起，就一定能达到"促其思、晓其理、激其情、导其行"的教育效果。例如，在社会实践活动中，带队教师应该模范遵守公共秩序、爱护公物、保护环境；在公共汽车上，带队教师为老年人让一次座位对学生的教育效果大大超过多次"尊老爱幼"的口头教育。

最后，还应当利用言教与身教的充分结合，加快学生的成长。从对学生的教育效果来看，在社会实践活动中，带队教师的身教重于言教，是一个不争的事实；但是，只有身教没有言教，教育效果就会大打折扣。因此，教师应该把握好言教与身教的时机，恰当地把两者结合起来。例如，在社会实践活动中，带队教师应该身教在先，言教在后；当遇到个别学生出现一些小的错误，教师应该首先通过自己的行动予以示范，事后找学生单独谈话解决问题。这样，既保护了学生的自尊心，又不放弃对学生的教育，就会提高教育的效果。

大学生暑假社会实践活动中，指导教师不仅在处理一些社会问题中要躬身垂范、言传身教，用表率作用优化对学生的教育效果；在面对需要解决的一些技术性问题时，更应充分发挥指导教师理论深厚、技术娴熟的优势，示范指导与启发鼓励相结合增加学生独立解决问题的机会，提高其能力。这既能使理论教学延伸，凸显实践教学的优势，也可通过即时解决问题，增强学生自信心和创造、创新动力。

大学生暑假社会实践是高校学生思想政治工作的重要组成部分，又是高校学生政治理论课教学的有益补充。带队教师充分利用言教与身教的方法对学生进行教育，是社会实践成功的保证，也是一个值得研究的课题。在具体工作中，使言教与身教有机结合，必将推动高校大学生思想政治教育工作的发展。

第三节　思想政治类实践活动题目的确立

　　大学生暑假社会实践活动是一个系统性的活动，活动开始前的准备活动十分重要。如何确定合适的社会实践活动题目，是开展好大学生暑假社会实践活动的需要重视的理论问题。要提高学生的社会实践能力，就必须有切实可行的方法。在社会实践活动中，调研工作十分重要。社会实践的调研工作一般是在认真研究收集到的信息资料的基础上，开展质的调查研究或量的调查研究。

　　而由特定时间的大学生暑假社会实践活动推而广之，则可以发现思想政治教育领域实践活动题目的确立也有其共性规律，帮助学生掌握确立思想政治教育领域实践活动题目所需的知识，并给学生确定题目当好参谋，是一名"行走课堂"指导教师的应尽义务。本节将介绍上述内容。

　　思想政治类实践活动是一种典型的以研究性活动为载体的学生思想政治教育形式，在研究性活动中，研究课题的选择是一项十分关键的工作。研究课题选择得好，研究就会有价值、有意义。研究性活动首先要寻求研究目标。这一过程同样是多次反复的解决问题的过程。社会中有很多待研究的问题，哪个问题适合于研究者，是大学生参加思想政治类实践活动时必须首先面对的现实。研究性活动首先源于问题意识，没有问题意识也就难以注意和提出新的问题，研究性活动也就无从谈起了。不同的研究者由于知识和经验背景不同，在问题意识、提出问题的能力、所提出的问题的价值和重要性等方面都有很大差异。因此，研究者要想及时发现和提出具有重要价值的问题，就要增强问题意识。

　　著名的技术哲学家陈昌曙教授曾论述过这个问题："选择研究课题首先要有价值，现在，我们的许多研究生在选择学位论文题目时都喜欢找前人没有说过的问题，认为这样的题目就一定有价值。其实未必，前人说过的问题不一定没有价值，前人观点有错误、不全面，都可以进一步探讨；而前人没有说过的问题，也不一定有价值。"

一、善于发现问题

(一) 发现问题的方法与技巧

大学生参加思想政治类实践的首要工作就是确定研究课题。要更好地发现有研究和开发价值的问题，就要运用创新技巧，在具体的工作中主要关注如下几方面问题。

1. 增强问题意识

问题意识就是对问题的感受能力。日常工作与生活中随时都会遇到问题，有些问题是稍纵即逝的，因而只有保持对问题的敏感性，才能为提出问题奠定基础。

2. 保持好奇心与提高观察力

好奇的人不一定都有创造力，而有创造力的人大多数都很好奇，真正的好奇心经常带来意想不到的创新。好奇会给人带来机会，而得到机会还要观察和思考，否则也难以发现问题，而只能是走马观花。有好奇心还要坚持探索，才能深入某个领域，加深了解。这样，常常会得到意想不到的结果。

3. 掌握问题产生的途径

掌握问题产生的常见途径可以有效地提高一个人对问题的敏感度。提高对问题的敏感度的方法主要有如下几种。

（1）抓住经验事实同已有理论的矛盾。抓住经验事实同已有理论的矛盾是科学问题产生常见的途径。新的观察和实验结果，以及多数反常现象，都可能与现有的理论概念发生冲突。冲突积累到一定程度，现有理论及辅助原理，假设也难以解释这些经验事实时，新的科学问题就必然会产生。最重要的是要能从一些变化中洞察到其中不相容的程度，从而提出新的问题。

（2）抓住理论的逻辑矛盾。理论的一个基本要求应该是自洽的，如果理论内部出现逻辑矛盾，就将产生矛盾的论断。因此，抓住理论的逻辑矛盾是实现理论突破的关键。必须要牢牢抓住此类问题。

（3）抓住规律性的不良现象。规律性的现象，反映了本质上的联系和问题。找到规律及其现实条件，在质疑中寻找问题。

（4）注意争论。不同学术观点的争论是科学史上的常事，争论的焦点问题，也是学术研究的重点问题。

（5）注意不同知识领域的交叉地带。科学的发展呈现出细化、交叉、综合的大趋势，在交叉区域边缘之处，也是有意义的课题潜在之处，从中寻求有意义的课题，可以为科学发展作出开拓性贡献。

（6）从亟待开发的领域寻找问题。亟待开发的领域，因为"新"，也是问题比较集中的地方。开发过程就是创新的过程，开发的关键问题，也是问题突破的重点和取得成果之处。

（7）在拓宽研究领域和应用领域中寻求问题。在拓宽研究领域和应用领域中寻求问题有三个主要方向：第一，寻求领域拓宽的途径。眼睛只盯着一个问题领域，往往会阻碍发现更新鲜、更充分、更值得探讨的问题。当思维的惯性使自己在一个特定领域中循环思索时，要努力使自己从循环中跳出来，从其他方向寻找材料得到启发，就会有新的问题展现出来。第二，在拓宽研究和应用领域过程，把障碍作为问题研究。因为，对于可以拓宽的领域，遇到的障碍就是问题。第三，把由外部世界观察到的刺激，强制地与正在考虑的问题建立起联系，使其原本不相关的要素变成相关，进而产生待研究开发的问题。

（二）形成有价值的问题

提出问题的策略与方法很多，只要认真去寻找并形成问题，就找到了思想政治类实践的起点。

究其实质，思想政治类实践的过程就是解决问题的过程。问题就是研究者所处的现有实际情况与期望的理想状态之间存在的差距，也就是研究者的期望与现实的矛盾。思想政治类实践中的绝大多数问题并不是现成的、明确地摆在人们面前的，而是需要大学生在老师的指导下去探索、去发现、甚至去构造的。因此，大学生一方面要充分了解自己，另外，要善于发现问题和提出问题，并逐一去解决问题，寻求客观的、理想的答案。

研究动机形成以后就要以发散思维从多个角度寻求问题（目标），并对这些目标进行归类，如农村生产类型单一和劳动力过剩问题，"人口老龄化"以及"空巢家庭老人"的生活问题……都蕴藏着研究问题。对发现的问题进行分析比较，从每一类问题中选取接近自己目标的两个或几个作为主要问题进一步发散提问，以此类推，层层提出问题，直到自己认为满意为止。

由于提出的问题有很多，就要对此进行收敛，从中首先剔除没有思想政治类实践价值或思想政治类实践价值很小，或虽然有价值但一时不具备解决问题的可能性的问题。对待问题可依据思想政治类实践的基本原则，通过创新性、价值性、熟悉度、重要性、紧迫性和稳定性等收敛标准，以及思想政治类实践基本条件、价值取向等进行选择。这些标准可依据思想政治类实践活动的具体情况和需要而增减。收敛到最后所剩下的问题就是可供研究的问题，也是大学生确定思想政治类实践目标的依据。

二、思想政治类实践目标具体化的基本程序

风险的存在是客观的，也是必然的。确定思想政治类实践目标的决策过程属风险型决策，思想政治类实践目标具体化过程，就是要适时抓住最有利的时机，尽可能地避免风险，做出正确的选择与抉择。一般可按以下程序进行：①摆明问题，确定目标；②初步调查预测，收集信息；③拟订多个备选方案；④进行可行性分析；⑤比较评价和选定可行性方案——确定思想政治类实践目标；⑥实施方案并跟踪控制。

程序并非是固定不变的，可以根据思想政治类实践项目和复杂程度，进行选择取舍。

(一) 摆明问题确定目标

思想政治类实践过程的实质就是解决问题的过程。摆明思想政治类实践过程需要决策的问题是什么，确定思想政治类实践所要达到的目标，是思想政治类实践需要决策的第一步。

确定目标是科研决策前提，而思想政治类实践目标是根据要解决的问题来定的。如果把需要解决的问题的关键所在及其产生的原因等弄清楚了，确定目标有了依据，目标也就容易确定了。要弄清问题，不但要清楚什么是问题，还要对应有现象和实有现象加以明确。应有现象是指应达到的标准或按既定的目标应有的情况；实有现象是指实际所发生的或存在的情况。所谓摆明问题就是以应有现象为依据，积极地、全面地收集实有情况，发现差距，并通过分析、研究把问题确定下来，找出产生问题的原因，这样就能有针对性地采取措施加以解决。

摆明问题是整个过程的起点，也是进行正确决策的基础。摆明问题包括发现问题、确定问题、分析产生问题的原因三个主要方面。

(1) 发现问题：即找出问题在哪里。

(2) 确定问题：即明确什么问题是必须解决的。

(3) 分析问题：即为什么会产生这种问题，矛盾的焦点在哪里，分析

原因并加以明确。

（二）确定具体的思想政治类实践目标

确定思想政治类实践目标是为实现一定目标而对若干个备选方案进行选择的过程。因此进行决策的前提是要有一定的目标。这一目标是在对社会环境、市场现状及自身条件的一般了解基础上提出的。

所谓思想政治类实践目标，就是在一定环境条件下，在预测基础上，要达到的程度和希望达到的结果。

思想政治类实践目标可分为两种：一是必达目标——要求必须达到什么程度；二是期望目标——期望取得的成果。

1. 具体化思想政治类实践目标

对于思想政治类实践目标的确定必须明确具体，否则方案的制定与选择就会感到无所适从。目标明确具体包括以下几个方面。

（1）思想政治类实践目标的表达。思想政治类实践目标最好是单一的。也就是只能有一种理解，绝对不能产生歧义。如果语言含混不清、模棱两可，不明白到底要做什么，决策就很难顺利进行。明确表达目标最有效的方法是思想政治类实践目标数量化。

（2）思想政治类实践目标的时间约束。没有具体完成期限的目标，就等于没有目标，因为它可能永远无法实现。因此思想政治类实践目标必须有明确的实现期限。在实际操作过程中，根据实际情况，目标的实现时间允许有一定的弹性，但有的研究内容也应严格一点，限期完成；有的可以给出一定的伸缩范围，或规定一个极限。在思想政治类实践实施过程中，也可以根据实际情况，对预先确定目标的实现期限进行修改。但无论对目标实现期限的规定，还是后来的修改，都要根据事实、需要和可能得出科学合理的结论。

（3）思想政治类实践目标的条件约束。确定目标时，必须明确达到有没有客观条件的限制和附加一定的主观要求。约束条件主要是各类资源条件，决策权限范围及时间限制等。思想政治类实践目标的产生、确定必须立足于现实的基础上，思想政治类实践活动也要受到未来客观条件的制约。这些基础和客观条件就是思想政治类实践目标的约束。约束条件是衡量思想政治类实践目标实现与否的标准，这个标准包含在目标本身之中。约束条件越清楚，思想政治类实践的有效性和目标的可能性也就越大。规定目标约束条件有以下三个切入点：首先是客观存在的，可利用的资源条件，包括思想政治类实践团队拥有的、能够筹集到的人、财、物等；其次是国家以及地方的政策法规、制度等方面的限制和规范；最后是思想政治类实践团队附加在决策目标上的主观要求，思想政治类实践团队对目标最高要求不一定完全现实，但最低要求必须是目标的约束条件。

（4）思想政治类实践目标的数量化。思想政治类实践目标数量化可以达到什么程度有个衡量标准。如果实在无法数量化，也可以采用陈述方式尽可能把目标描述得具体、翔实、清楚。目标本身就有许多数量标准，如成本、利润等数量指标，可以是一个数量界限，规定出增减范围，或在某些条件下达到的极值，如成本最小值、利润最大值。对非数量值，也可以用一些方法和手段使之数量化。应当注意的是数量指标的计算规范要做出统一规定。

（5）思想政治类实践目标的体系化。思想政治类实践的总目标必须由具体的目标体系来支撑，体系化就是把比较抽象的总目标分解成许多子目标。子目标也可以继续分解成更小的目标，从而构成目标体系。

目标体系的建构过程是思想政治类实践目标内容不断丰富的过程，也是表达不断明确和准确的过程。总目标是具体目标的终极目标，具体目标的实现是总目标实现的途径。

目标分解过程反映出目标体系的层次和相关性特征，目标体系的层次结构也称为"分层目标结构"，下一层目标往往是上层目标的手段，而上层目标则是下层目标的目的。而同层次目标之间彼此之间又互相联系、互相影响、互相制约。任何一个目标都可能影响到同层次目标的进行过程。

在建构目标体系的过程中，目标要落实，决策目标与具体目标要吻合，不能照搬或互相混淆，而是要处理好上下层次目标的关系，避免头重脚轻。

2. 确定思想政治类实践目标应注意的几个问题

（1）思想政治类实践的客观原则与主观条件相结合。

（2）抓住关键问题。确定思想政治类实践目标与规划时都应分清问题的轻、重、缓、急、主、次、先、后，切忌"胡子眉毛一把抓""丢了西瓜、捡了芝麻"的思维方式和工作方法。

（3）决策目标要系统化、网络化，具有多样性、层次性、相关性、相对独立性、统一性以形成连锁体系，有利于思想政治类实践参与实现有机协调。

（4）注意目标的动态性、时效性。客观环境是动态变化的，机遇是多样的，也是稍纵即逝的，抓住机会就等于抓住了成效。

（5）注意风险性。社会上充满机会，也同样充满风险，二者并存。现实条件更要求对风险有可观的分析与预测，切忌盲目乐观，不能让利益掩盖了潜在的风险。

3. 思想政治类实践中的多目标问题处理办法

对于思想政治类实践者而言，层次目标和阶段目标数量多，但可以归结为一个系统目标或终极目标，而不具有独立性。多目标问题与此不同，他们处在相同层次上，各具独立性；各目标之间虽有联系，但不能相互代替，互相间不是从属关系，更不可能归结为同一系统目标或终极目标。目标越多，衡量标准就越复杂，评价选择方案的难度也就越大。

在处理思想政治类实践中的多目标问题时，应遵循如下原则。

一方面，在满足思想政治类实践需要前提下，尽量减少目标个数。为此，首先要通过分析辨别各目标之间是否存在层次性、阶段性关系或相同的属性。如果有，则将其归结为一个目标，剔除从属目标。其次，由于主观偏好，有些目标属于期望值，有些目标要求达到最优水平，有些目标只要求达到基本标准。在这种情况下，思想政治类实践者一般把要求达到最优水平的目标保留下来作为主要目标，使该目标成为思想政治类实践的激励目标，把期望值作为奋斗方向，而把要求达到基本标准的目标降为约束条件。最后，也可以通过度量求合、求平均值或构造综合函数求解的方法形成一个综合的单一目标。

另一方面，对思想政治类实践目标涉及的各个目标的重要性进行可行性分析，按其重要性大小对目标进行筛选、优化。根据主观偏好、要求和客观条件，根据期望值（必须达到、希望达到）先行取舍，将剩余的、相近的目标用相应的具体指标统一标准列项排序，进行分析比较，既可以避免因项目过多而难以厘清头绪，也可以围绕主要目标展开分析、比较、择优选取。在比较中如发现不满意之处，可以改进或通过创新设计、修正，再比较、选取，这样既可以达到优化目的，也可以减少失误，保证思想政治类实践的时效性。

第三章　与时俱进探索党史国史"行走课堂"建设渠道

第一节　导入案例

2013年6月25日，中共中央政治局就中国特色社会主义理论和实践进行第七次集体学习。中共中央总书记习近平在主持学习时强调，历史是最好的教科书。学习党史、国史，是坚持和发展中国特色社会主义、把党和国家各项事业继续推向前进的必修课。这门功课不仅必修，而且必须修好。要继续加强对党史、国史的学习，在对历史的深入思考中做好现实工作、更好走向未来，不断交出坚持和发展中国特色社会主义的合格答卷。

正如龚自珍所说，"欲知大道，必先为史""灭人之国，必先去其史；隳人之枋，败人之纲纪，必先去其史；绝人之材，湮塞人之教，必先去其史；夷人之祖宗，必先去其史"。

近代以来，欧美列强对外侵略扩张，也常常从"历史"开始，或者把他们欲侵略的那些国家和民族说成是"停滞的""没有历史的"民族，或者把他们打入"历史"的另册之中，把他们描绘成"野蛮的""未开化"或"半开化的""传统的"而"非现代的"民族，以便为自己的侵略行为披上"文明的""现代的"和"合法"的外衣，给自己本来极不人道、极不光彩的行为赋予一种"启蒙"和"解放"的光环。所以，认真学习历史树立正确的历史观非常重要。

在中华民族实现"中国梦"的道路上，学习历史意义十分重大。2005年3月2日，中宣部和教育部发布了《〈中共中央宣传部教育部关于进一步加强和改进高等学校思想政治理论课的意见〉实施方案》。方案中将中国近现代史纲定为本科生四门必修课之一。明确规定："中国近现代史纲要主要讲授中国近代以来抵御外来侵略、争取民族独立、推翻反动统治、实现人民解放的历史，帮助学生了解国史、国情，深刻领会历史和人民是怎样选择了马克思主义，选择了中国共产党，选择了社会主义道路。"

下面从一篇党的十八大以来探索实践教育的总结入手，分析开展思想政治理论课党史国史教育实践的方式。

习近平新时代中国特色社会主义思想实践教学初探

党的十八大以来，以习近平为主要代表的中国共产党人以巨大的政治勇气和强烈的责任担当，提出一系列新理念新思想新战略，从理论和实践结合上系统回答了新时代坚持和发展什么样的中国特色社会主义、怎样坚持和发展中国特色社会主义这个重大时代课题，创立了习近平新时代中国特色社会主义思想。在习近平新时代中国特色社会主义思想指导下，中国共产党领导全国各族人民，统揽伟大斗争、伟大工程、伟大事业、伟大梦想，推动中国特色社会主义进入了新时代，迎来了从站起来、富起来到强起来的伟大飞跃。

为了深刻领会习近平新时代中国特色社会主义思想，学习习近平新时代中国特色社会主义思想指导新时代各项事业发展的成果，北京农学院部分师生开展了一系列实践教学探索，逐步形成了具有华北地区农林院校特色的"毛泽东思想和中国特色社会主义理论体系概论"课程实践教学模式。

在探索习近平新时代中国特色社会主义思想实践教学路径的过程中，有关教师根据学校实际情况，提出依托志愿者活动开展实践教学的思路，并取得了初步成果。下面就具体工作做法和体会总结进行初步探讨。

一、结合"中国梦"教育开展实践活动

高等教育的大众化、普及化是世界高等教育发展的大趋势。高等教育大众化作为高等教育发展的一个阶段自20世纪70年代初由美国社会学家马丁·特罗首先提出，并得到了国际社会的普遍认可。以高等教育毛入学率为指标可以将高等教育发展历程分为"精英""大众"和"普及"三个阶段。他认为高等教育毛入学率15%以下时属于精英教育阶段，15%～50%为高等教育大众化阶段，50%以上为高等教育普及化阶段。2012年高等教育毛入学率达到26.9%。同年8月，教育部党组成员顾海良表示："中国高等教育计划在《国家中长期教育改革和发展规划纲要（2010—2020年）》实施完成到2020年时毛入学率达到40%。2003年，首都高等

教育毛入学率达到52%，比2002年增加3%，这标志着首都高等教育实现了历史性的新突破，在全国率先从大众化阶段进入普及化阶段。如何在高教普及化阶段做好思想政治教育工作是一道有现实意义的命题。"

当代大学生作为新一代年轻人中一个有知识的特殊社会群体，在社会中有着举足轻重的地位。对大学生开展思想政治教育、培养其公益精神和无私奉献服务社会意识是提高整个社会道德水平的重要组成部分。当前，在许多"985""211"高校以及一类本科大学大学生思想政治教育已经形成自身特色的背景下，二类本科院校正面临着极大挑战。

2012年11月29日，习近平总书记在参观"复兴之路"展览时指出："实现中华民族伟大复兴，就是中华民族近代以来最伟大的梦想。"

习近平总书记在给北京大学学生的回信中写道：中国梦是国家的梦、民族的梦，也是包括广大青年在内的每个中国人的梦。"得其大者可以兼其小。"只有把人生理想融入国家和民族的事业中，才能最终成就一番事业。

教育由大众化向普及化发展，部分学生对于国家大事的关注度明显不高。"中华民族伟大复兴"的观点提出后，在部分"二本"院校抽样调查结果中显示，有的学生认为"中华民族伟大复兴"是国家的事、是"985""211"等精英学校学生的事，与自己无关。而用"中国梦"表述"中华民族伟大复兴"后，学生逐步感觉到"中国梦"可以和自己的理想、目标有联系，开始关注国家。在"二本"院校开展"中国梦"教育需要充分考虑学生实际情况，选择相应的教学手段，以期达到预期目标。在具体的工作中，组织学生课外参观、参与社会公益活动，是比较行之有效的思想政治教育实践手段。

面对二类本科院校学生存在的不喜欢阅读深奥理论著作的现实，教师在开设本科生层次思想政治理论课选修课"北京的近代史遗迹漫谈"的基础上，采取组织学生参观北京近代史展览与展馆等形式引导学生理解"中国梦"。在一年多的时间里我们先后参观了"复兴之路""五四新文化运动纪念馆""中国人民抗日战争纪念馆""焦庄户地道战遗址"等。通过参观以及组织学生座谈等形式，引导学生畅谈"中国梦"，许多同学都表示只有个人和国家命运紧密结合，才能够融入时代发展的洪流之中，才能够实现个人价值，有所作为。

通过参观活动，学生参与社会活动的积极性有明显提高。在与学生交流过程中，教师发现学生认为二类本科院校参与社会实践的机会较少，希望能够获得更多锻炼的机会，提升自身的综合能力。基于调研所发现的问题，教师积极协调，与北京创造学会等专业学术团体组织合作，吸收学生参与的科普志愿活动，引导学生加入该学会的大学生志愿者组织。

北京市作为每年"科技周""科普日"的全国主场活动主办地，每次大型活动需要大量的科普志愿者；不仅如此，学术团体也会独立举办科普活动，也需要大量的大学生志愿者。因此，大学生作为科普志愿者参与科普活动，一方面可以为学生创造走出校园、深入基层、了解社会的机会，弥补学校社会实践活动的不足；另一方面，可以在活动中运用自己本专业知识解决问题，提高学生自信心，促进学生树立个人理想，确立发展目标，实现将个人理想与"中国梦"有机结合的目标，在实现自身价值的过程中，成为实现"中国梦"的一员。

二、结合"全面从严治党"依托基层社区党建开展实践活动

2014 年 12 月 15 日《人民日报（海外版）》刊登《习近平在江苏调研时强调　主动把握和积极适应经济发展新常态》一文，文中提到："中共中央总书记、国家主席、中央军委主席习近平近日在江苏调研时强调，要全面贯彻党的十八大和十八届三中、四中全会精神，落实中央经济工作会议精神，主动把握和积极适应经济发展新常态，协调推进全面建成小康社会、全面深化改革、全面推进依法治国、全面从严治党，推动改革开放和社会主义现代化建设迈上新台阶。"

"习近平强调，全面从严治党是推进党的建设新的伟大工程的必然要求。从严治党的重点，在于从严管理干部，要做到管理全面、标准严格、环节衔接、措施配套、责任分明。从严治党是全党的共同任务，需要大气候，也需要小气候。各级党组织要主动思考、主动作为，通过营造良好小气候促进大气候进一步形成。"

城市基层社区党组织是基层社会建设工作的重要力量，基层社区党组织直接面对广大人民群众，党组织作风关乎党在人民群众中的形象。长期以来，由于基层社区属于居民自治机构，社区工作人员既不是公务员也不是事业编，身份的差异导致个别基层社区党组织在社区建设工作没有发挥应当发挥的作用。"全面从严治党"理念的提出，把基层社区党组织纳入从严治党工作体系，就要基层党组织负责人在严格遵守党纪基础上，管好本级党组织，并带领本级党组织成员和本社区普通党员按照党的要求参与社区建设、服务广大人民群众。

相关教师迅速抓住契机，与多年来开展科普活动的社区紧密合作，参与基层社区活动，实现实践教学落到实处。在具体的实践中，主要完成了如下两方面工作。

一方面，积极策划活动，让党员和志愿者推动社区建设。开展社区党建项目是发挥基层党组织作用，服务党员、服务群众、推动社区建设的重要手段。在具体的工作中，应由基层党组织牵头，结合街道社区实际情况，切实加强与现有街道、社区支持政策和项目的统筹衔接，策划、实施与基层党建重要工作和与群众生产生活密切相关的公共服务项目，使党组织策划的活动能够符合社区建设实际，真正服务社区。习近平总书记2013年3月1日在中央党校建校80周年庆祝大会暨2013年春季学期开学典礼上的讲话中指出："中国传统文化博大精深，学习和掌握其中的各种思想精华，对树立正确的世界观、人生观、价值观很有益处。"在党和政府关注传统文化教育的背景下，积极开展服务社区青少年为主题的党建活动可以帮助青少年进一步树立正确的世界观、人生观、价值观，成为合格的社会主义接班人。为了实现基层党组织从严治党常态化目标，社区党组织积极培育实施党建服务项目，培育发展党员群众共同参与的服务组织，服务基层社区党员和群众，促进基层社区进步，发挥党员模范带头作用的新模式，设计有街道、社区特色，并可以逐步形成在地方乃至全国有影响的品牌活动。2014年10月11日，在中国少年先锋队建队65周年之时，时任中共中央政治局委员、国家副主席李源潮到北京市调研少先队工作，与少先队工作者和少先队员代表座谈，发表了题为《让社会主义核心价值观成为引导少年儿童健康成长的星星火炬》的讲话。讲话中指出："北京市海淀区五一小学编写的《国学养正》，用历史典故阐释核心价值观的要求，孩子们好懂好学。中华文化优良传统博大精深，活跃在千家万户和社会各个层面，是开展少年儿童价值观教育的宝库，要充分挖掘好运用好。开展这方面教育，既要让孩子们知道历史根源，又要有传承的现实样子。"有关教师发挥曾经参与过《国学养正》一书出版策划的优势，协助社区党组织设计了由社区党组织招募大学生志愿者，开展青少年国学经典的读物宣读辅导为主题的活动，大学生志愿者与社区党员合作，在完成服务社区工作的同时，也获得了开展课程实践教学的空间。活动选择《国学养正》一书作为辅助读本，利用中小学生放学以后的时间开展活动，既解决家长后顾之忧，又完成基层党组织向青少年宣传核心价值的工作任务。

另一方面，引导大学生志愿者与社区团员青年合作备案服务社区类新兴社会组织以服务社区。在北京远郊区县街道调研中发现，街道所备案的社会组织主要是社区居民组织的以兴趣、爱好为载体，以文艺、娱乐为主要活动形式的社会组织，而服务社区建设和志愿者活动的社会组织很少。要改变这一局面就需要建设一批以服务社区、服务社区居民为主体活动的社会组织。当代青年思维活跃，勇于创新，指导大学生志愿者结合课程所学策划活动，同时吸收有加入党组织愿望的青年参与活动，既可以发挥青年才智开拓新活动，也可以充实活动队伍，解决社区党组织开展活动人手不足的困难；同时，形成了以社区入党积极分子、合作学校大学生、家庭居住地址在本社区目前在外读书的大学生以及其他志愿者组成的社会团体。通过申请政府购买社会组织服务项目获得经费支持开展服务活动，抓住契机，不断实现备案组织可持续发展。2014 年 6 月 11 日，延庆成为 2019 年中国北京世界园艺博览会举办地，中国时隔 20 年再次获得 A1 类世界园艺博览会举办权；2015 年 7 月 31 日北京张家口赢得 2022 年冬奥会举办权，作为三大赛区之一，延庆赛区将举办高山滑雪和雪车雪橇项目比赛。备案组织应当立足长远，有针对性的选拔园艺及相关专业的学生进入志愿者组织；并通过其他志愿者活动进行锻炼，成为"2019 北京世园会"所需的合格志愿者。同时，直面冬奥会在春节期间招募参与服务的志愿者的难度要大于夏季项目现实。备案组织应联合有关组织针对 2013—2019 年入学的延庆高中生开展志愿者服务活动，帮助其形成志愿者意识，熟悉志愿者活动规律，为招募 2018—2022 年在校的延庆籍大学本科生、研究生成为冬奥会志愿者奠定基础。这样，就可以把服务地区重大活动与培养青年马克思主义者结合起来，进行以社区为纽带跨校开展习近平新时代中国特色社会主义思想实践教学的探索。

三、在绿色发展理念指导下服务浅山区和谐社会建设

中国共产党第十八届中央委员会第五次全体会议，于 2015 年 10 月 26—29 日在北京举行。《中国共产党第十八届中央委员会第五次全体会议公报》提出："坚持绿色发展，必须坚持节约资源和保护环境的基本国策，坚持可持续发展，坚定走生产发展、生活富裕、生态良好的文明发展道路，加快建设资源节约型、环境友好型社会，形成人与自然和谐发展现代化建设新格局，推进美丽中国建设，为全球生态安全作出新贡献。促进人与自然和谐共生，构建科学合理的城市化格局、农业发展格局、生态安全格局、自然岸线格局，推动建立绿色低碳循环发展产业体系。加快建设主体功能区，发挥主体功能区作为国土空间开发保护基础制度的作用。推动低碳循环发展，建设清洁低碳、安全高效的现代能源体系，实施近零碳排放区示范工程。全面节约和高效利用资源，树立节约集约循环利用的资源观，建立健全用能权、用水权、排污权、碳排放权初始分配制度，推动形成勤俭节约的社会风尚。加大环境治理力度，以提高环境质量为核心，实行最严格的环境保护制度，深入实施大气、水、土壤污染防治行动计划，实行省以下环保机构监测监察执法垂直管理制度。筑牢生态安全屏障，坚持保护优先、自然恢复为主，实施山水林田湖生态保护和修复工程，开展大规模国土绿化行动，完善天然林保护制度，开展蓝色海湾整治行动。"

2013年5月24日，中共中央政治局就大力推进生态文明建设进行第六次集体学习。习近平总书记在主持学习时指出："生态环境保护是功在当代、利在千秋的事业……建设生态文明，关系人民福祉，关乎民族未来。"

在提出上述观点后，习近平总书记进一步指出："要正确处理好经济发展同生态环境保护的关系，牢固树立保护生态环境就是保护生产力、改善生态环境就是发展生产力的理念，更加自觉地推动绿色发展、循环发展、低碳发展，决不以牺牲环境为代价去换取一时的经济增长。"

习近平总书记还指出："国土是生态文明建设的空间载体。要按照人口资源环境相均衡、经济社会生态效益相统一的原则，整体谋划国土空间开发，科学布局生产空间、生活空间、生态空间，给自然留下更多修复空间。要坚定不移加快实施主体功能区战略，严格按照优化开发、重点开发、限制开发、禁止开发的主体功能定位，划定并严守生态红线，构建科学合理的城镇化推进格局、农业发展格局、生态安全格局，保障国家和区域生态安全，提高生态服务功能。要牢固树立生态红线的观念。在生态环境保护问题上，就是要不能越雷池一步，否则就应该受到惩罚。"

顺义浅山区位于顺义东北部，是指顺义区处于燕山余脉山区的地区，包括北石槽镇、木林镇、龙湾屯镇、张镇和大孙各庄镇，总面积308平方千米，共辖125个村庄、38 799户，总人口12万人，占顺义区总人口的13%，自古沐浴天地恩泽，五镇百村育田园风情，青山绿水彰自然之美，名胜古迹显人文之韵。优良的生态环境和宜人的自然景观成为顺义浅山区经济发展的后发优势，是建设首都慢生活区和展示顺义之美的理想之地。依托优良休闲度假环境与丰厚历史文化资源及特色田园风情形成的组合优势，邻近国际空港、北京 CBD、使馆区、环渤海区域总部基地等高端客源市场优势，开发国际化、高端化、时尚化旅游产品，实现跨越式发展，未来将成为北京世界一流旅游城市的重要组成部分。

2012 年初，北京市顺义区委、区政府根据顺义区浅山地区的 5 个镇的实际情况，提出建设顺义北部浅山联络线（连接京承高速和京平高速，该路纵贯龙湾屯镇全境，通车后龙湾屯镇到北京城区的时间可减少到 40 分钟），建设顺义五彩浅山国际休闲产业发展带和五彩浅山滨水国家登山健身步道公园。

有关教师抓住契机，结合个人主持的科研项目组织学生在习近平新时代中国特色社会主义思想指导下开展实践教学。经过师生集体调研形成报告，向北京市顺义区推进浅山区建设办公室提出以下两方面建议。

一方面，用红色文化引导村民社会组织文化建设促进和谐社会建设。

焦庄户村在战争年代隶属于冀东抗日根据地领导，是通往平西、平北根据地的必经之路。1964 年秋建立"焦庄户民兵斗争史陈列室"，1979 年北京市政府批准其成为市级重点文物保护单位，并改名为"北京焦庄户地道战遗址纪念馆"，2013 年 5 月确定其为全国重点文物保护单位。2015 年 8 月 24 日，进入国务院公布的第二批 100 处国家级抗战纪念设施、遗址名录。

为了缅怀革命先烈的英雄业绩，对人民进行爱国主义教育，自 1987 年以来，市、区两级政府先后共投资 4000 余万元，扩建道路、修复地道、新建展馆、恢复抗战民居等，目前纪念馆占地近 47700 平方米，分为 3 个参观区，即展馆参观区、地道参观区、抗战民居参观区，另外还为游客提供吃抗战饭、住抗战民居、采摘瓜果等服务项目。纪念馆自建馆以来先后接待国内外观众 350 万人次，其中有 160 多个国家和地区的 5 万余名外宾来这里参观。北京焦庄户地道战遗址纪念馆先后被北京市政府命名为"北京市青少年教育基地"、被国家六部委定为百家"全国中小学爱国主义教育基地"之一、被中宣部定为"全国爱国主义教育示范基地"、被国家发展和改革委员会定为"全国红色旅游景区"。目前，有 40 多所学校将该馆定为爱国主义教育基地。

用红色文化引导村民社会组织文化建设，需要从如下方面入手：首先，建设以研究开发红色文化为主要内容的社会组织，并吸引区域内外的力量参与。其次，建设以大学生志愿者为核心的志愿者服务团队。再次，引导焦庄户村原有的村民社会组织参与到新建的社会组织中来。最后，依托上述社会组织开展文化开发工作，并将开发成果应用于经济和社会建设领域。

另一方面，用创意农业理念引导村民社会组织文化建设促进和谐社会建设。

所谓创意农业是通过文化创意整合农业、农村资源，提高村镇产品附加值，实现资源优化配置的一种新型农业经营方式。从这个角度上讲，创意农业也是创意产业的一个组成部分，是对创意经济的发展及其对农业创新应用的结果。创意农业将农产品和农业生产过程赋予文化内涵，提升了现代农业的发展水平和潜力，增强了农产品的市场竞争力。

北京市重点发展都市休闲观光农业是以优化城市生态系统和美化城市形象为目标，以城市绿化体系、生物主题公园和"菜篮子"工程为主载体，可供游览、观赏、休息和采购，位于城市内部或城乡接合部的设施化、园林化农业。观光休闲农业是从不同角度解读和描述都市型休闲农业。因为创意的产品（包括文化创意产业的产品），主要是满足人们的精神生活需求，而不是生理需求，因此，观光休闲农业首先满足人们的精神生活需求，然后才是其他。

创意农业是在农业中涵盖创意手法，都市休闲观光农业中可以涵盖创意农业的创意手法，同样，创意农业也可以打造成都市休闲观光农业。因此，从本质角度分析，创意农业也属于观光农业。观光休闲农业是从本产业功能、作用的角度描述的；而创意农业的提法，是从本产业的经营理念、实现方式和方法的角度描述的。

创意农业是多种产业相融合的新型业态，其并非创意产业与农业生产的简单叠加，而是二者的有机融合。

创意农业以农业生产为基础、文化创意为手段，将传统农业生产与现代创意科技、知识及思想相结合，赋予农业生产新的形式与功能。根据创意途径、形式及产品的不同，创意农业主要具有文化功能、教育功能、休闲功能、经济功能、生态功能、社会功能、品牌功能七大功能。

根据创意农业的内涵，文化功能是创意农业的基本功能之一。农业是人类文明的起源，也是文化形成的重要基础，这是因为农业发展的过程就是农耕文化孕育和发育的过程，农业本身具有丰富的文化内涵。

创意农业是创意灵感在农业中的物化，是科技与文化的相互聚集与融合创新，能够展现出农业生产或农产品的特色化、智能化、艺术化、个性化。所以，创意农业具有较高的文化品位。农业文化具有引导农业朝着既定方向发展的功能。通过培育，打造一个积极、向上、先进的农业文化，引导农业朝着积极、向上、先进的方向发展，从而生产出满足人们日益增长需求的农产品。因此，创意农业的文化功能不仅指农业本身的文化功能，也包括创意灵感在农业生产中的体现。

通过将农业生产与文化创意相结合，赋予农产品和农业生产丰富的文化内涵，可以给人带来精神层面的享受，提高农业产业的文化附加值，满足日益变化的消费者对精神和文化的需求。

根据调研，师生提出开展农产品艺术加工的思路。建议结合顺义区舞彩浅山文化旅游基地建设，进一步挖掘顺义民间文化人才，依托 2011 年列入"北京市非物质文化遗产"的"老北京火绘葫芦"，开展农耕文化体验、葫芦文化游戏、猜葫芦谜语有奖竞猜、葫芦手工艺制作体验等系列活动。形成吃葫芦宴、赏葫芦文化、玩葫芦游戏的系列活动，让游客感受到自然的回馈。

四、习近平新时代中国特色社会主义思想实践教学经验探讨

在探索习近平新时代中国特色社会主义思想实践教学路径的过程中，有如下几方面的经验和收获。

首先，加强学习、积极参加高水平学术活动是开展实践教学的理论基础。两名指导教师，利用在清华大学读博士和做访问学者的机会，积极参加清华大学马克思主义学院组织的高水平学术活动。前文所述的三项探索，都是实践教学指导教师在参加北京高校思想政治理论课名师工作室"艾四林青年教师研修工作室"论坛活动，获得启发后提出工作设想并逐步实施的。

其次，利用一切机会努力建设"实践教学基地"是保障实践教学活动顺利开展的关键要素。课外实习要以实习单位为基础，针对有意愿合作的单位，应当积极合作努力建设"实践教学基地"。要建立实践教学基地，就要努力实现"双赢"局面。开展以项目式流动为代表的"柔性流动"，所谓项目式流动，就是通过开展项目合作，使教师参与到实习单位的工作中来。在具体工作中，可以鼓励任课教师参与合作单位的项目，尽量为"实践教学基地"所在单位服务好。要实现这一目标，仅靠教师努力是不够的，学校应当给予必要的支持，保证教师真正能够有精力去为合作单位解决问题，这样才能使与"实践教学基地"合作落到实处。几年来，教师通过义务为京郊部分乡镇开展"村官"创业培训等方式，取得了密云区冯家峪镇西白莲峪村等达成建设实践教学基地的意向。

最后，弘扬志愿者精神是实践教学活动与服务社会有机结合的必由之路。在寻找实践教学活动资源时，教师发现因为许多与学校没有渊源的单位，不愿为"二本"院校提供实习、实践资源，就其原因不外乎认为大众教育阶段"二本"院校学生实际能力下降很快，同时，"二本"院校知名度不高，不可能因为建立社会实践基地给自身带来更多社会效益，因此不愿意合作，这种现象在农林院校寻求非农林领域实习合作单位时显得尤其明显。要改变这一现状的办法有二：一是选拔比较优秀的二类本科学生参与实践活动；二是强化志愿者精神。党的十八大以来，参与活动的师生共协助合作单位获得并执行北京市各类政府社会组织服务项目4项，在保质保量实现活动目标的同时，一直坚持不领取任何劳务费的原则。大学生志愿者补助也是通过教师参与的学术团体——北京创造学会发放。这样就实现了实践教学活动与服务社会有机结合，也实现了实践教学工作的可持续发展。

历史学不是历史，而是对历史认识的觉解。赵翼《题遗山诗》有云："国家不幸诗家幸，赋到沧桑句便工。"越是太平盛世，生活的内容就越平淡，也就越不容易激发人们对历史的警觉意识。盛世修史是一个事实，但是，盛世中的许多人都是不懂得历史的，他们缺乏对历史的深层体会，故而是无法了解历史的。只有经历了乱世的人，才有可能真正体会到历史的分量。只有身处盛世、不忘乱世的人，才有可能真正从历史中汲取营养。

当代人的亲身经历就是后代的现代史和当代史，从学习当代社会建设经验入手，在学习思想政治理论课的基础上逐步开展党史国史学习，是帮助大学生树立文化自信与爱国情怀的重要渠道。本章第二、第三节结合本科生必修课"中国近现代史纲要"探讨建设"行走课堂"开展党史国史教育类实践活动经验。

第二节　地方农林院校纲要课"行走课堂"建设思路

地方农林院校由于主干专业是技术类专业，因此，思政课教师来源呈现出多样化特点。近现代史纲要课程中，历史学专业背景教师为主，教学任务压力也造成教师比较难以有相对充足的时间去校外进行以教学为主要目的的进修。这种现象在发达地区地方农林院校表现得更加明显。如何把握好近现代史纲要课程的政治课本质，针对本校学生的特点开展近现代史纲要课程教育创新，提高近现代史纲要课程的教学效果是一项很有意义的工作。笔者结合调研和教学实践，以北京农学院为例提出地方农林院校近现代史纲要课程教育创新思路。

一、地方农林院校近现代史纲要课程创新总体思路

在地方农林院校开展近现代史纲要课程教育创新实践，需要做好三项工作，激发近现代史纲要课程教师开展教育创新实践欲望、处理好近现代史纲要课程教育创新实践过程中涉及的典型关系、建立近现代史纲要课程教育创新的保障体系。

（一）引导教师参与教育创新实践是实现近现代史纲要课程教育创新目标的基础

1. 近现代史纲要课程教师开展教育创新实践的价值分析

在以往的近现代史纲要课程教学活动中，部分该课程教师认为，近现代史纲要课程理论与教学方法研究活动似乎只是该课程教学专家、课程负责人或专门研究者的事，与自己毫不相干。这种情况导致近现代史纲要课程部分教师主动认识问题、解决问题的意识和对自己的教学行为反思意识的逐渐减弱、淡化，使得他们的工作成为一种单纯的执行近现代史纲要课程教学计划步骤的行动。然而，课程理论研究的成果表明，普通教师在开展近现代史纲要课程教育创新实践方面有着得天独厚的优势，他们不仅处于最佳研究位置，而且还拥有最佳的研究机会。所以，普通教师自己要敢于开展研究，制定行动研究计划、实施行动、收集和研究反馈信息，并调整行动、评价结果、应用研究成果等，这些正体现了教师作为研究者的主

体作用。当然，为了提高研究的质量，取得更好的近现代史纲要课程教育创新实践成果，它提倡专业研究者、专家学者的指导与参与。

近现代史纲要课程教师开展研究所涉及的问题直接来源于自己的教学活动实践，也是近现代史纲要课程教学活动实践中迫切需要解决的问题，是教师自己的直接经历和感受，因此，教师在开展研究活动时必须根植于近现代史纲要课程教学活动，广泛收集信息、发现问题、研究问题、解决问题。

在具体的课程教学实践研究中，研究的过程具有系统性和开放性。系统性表现为研究活动的开展有一般的操作程序。教育创新实践的过程是一个螺旋式的发展过程，是一个由计划、实施、观察和反思四个环节构成的循环往复的运作系统。因此，研究的计划应有充分的灵活性和开放性，通过不断的观察和反思，重视近现代史纲要课程教学活动中出现的新问题，依据发展中的实际情况，研究者可以部分修改实施计划，也可以修改总体计划，甚至可以更改研究课题。

2. 近现代史纲要课程教师教育创新实践能力的培养思路

近现代史纲要课程教学实践研究是教师研究自己的教学工作实际，建立自己的教学工作理念，改进并提高教学工作质量，实现教师专业发展的重要手段。因此，应大力提倡教师开展近现代史纲要课程教育创新实践法。在具体的工作中，要注意如下几种能力的培养。

第一，培养自己对近现代史纲要课程教学问题的敏感性。近现代史纲要课程教育创新实践源于问题。教师要以积极、探究的心态留心观察身边正在发生的各种与近现代史纲要课程教学相关的现象，并在初步分析的基础上提出问题。近现代史纲要课程教师在长期的教学活动实践中，有些现象司空见惯，容易将所遇到的问题看作是理所当然的，不加以质疑。因此，要培养教师对近现代史纲要课程教学问题的敏感性，并深入思考其意义。

第二，采用灵活的研究方法。开展行动研究可以采用多种不同的研究方法，如文献研究、调查研究、近现代史纲要课程教学观察、个案研究、经验总结、近现代史纲要课程教学测量等。教师应根据实际情况的不同，选择适合解决问题的方法与途径，并在此基础上，拟定科学合理的研究计划，确保行动研究在一段时间内取得明显成效。

第三，详细收集资料。近现代史纲要课程教育创新实践的过程就是一个总结、研究、积累资料并逐步提升的过程，其成功与否取决于资料收集否真实可信。教师要用心观察，努力记录，缜密思考，尽可能使用第一手资料，观察、深入访谈、进行文件分析等，展开近现代史纲要课程教育创新实践。

第四，增强合作与交流。近现代史纲要课程教师开展教育创新实践，需要近现代史纲要课程组教师的共同参与和合作，开展多层次的行动研究。可以参与各类研讨会、座谈会、学会，发表论文或吸取经验等，也可以与其他学校学者、专家真诚合作共同研究，交流经验，这样才会使教育创新实践产生理想的效果，近现代史纲要课程教师才能不断成长与创新。思想政治理论课的特点决定课上实践活动环节不宜过多过长。科学性、理论性是第一位的，是思政课教学的根本。思政课要用真理的力量和逻辑的力量来教育学生。生动性和趣味性是为增强理论的吸引力而服务的，绝不能喧宾夺主，在中国近现代史纲要课程中更不能为了生动而生动，丧失了其理论课的功能，而沦为故事会、聊天室。根据国内知名高校的经验，本科生理论课每门课一两次课的课堂展示环节是思政课学生参与的最合理的手段。因此，实践环节向课外延伸是实现提高教学质量的目标过程中的必然选择。

（二）近现代史纲要课程教育创新需要处理好的几对关系

近现代史纲要课程教育创新实践是在高等院校做好党史国史教育工作的重要手段，在这一过程中，需要关注、处理好如下几对关系。

1. 正确处理好本科政治课与高中历史课的关系

目前，中学的历史课教学大纲，中国近现代史是必修内容，其课程定位是中国通史的重要组成部分，教学内容是涉及政治、经济、文化、教育、社会、军事、外交等诸多方面。"05 方案"规定高校本科生必修课程"中国近现代史纲要"，定位为四门本科生思想政治教育理论课之一。该课程的教学目的是通过对中国近现代基本史实的讲授，重点讲清"三个选择"，即历史和中国人民怎样选择了马克思主义、中国共产党领导、社会主义道路。"三个选择"以及历史和中国人民选择改革开放，胡锦涛同志在 2011 年庆祝中国共产党成立 90 周年大会上的讲话中表述为"四个选择"。上述问题是中国近现代史的基本问题，也是当代中国政治领域的重大问题。在目前的教学体系中，由于学时较少及避免与《毛泽东思想和中国特色社会主义理论体系概论》课程教学内容重合，"三个选择"是中国近现代史纲要课程教学重点。

从上述分析不难看出，作为本科政治课的中国近现代史纲要与高中历史课虽然都需要讲授历史。但其属性是不同的。历史上是要求学生掌握历史知识、历史事件，虽然也需要学生理解重大历史事件的意义，但并不是教学的第一位工作。政治课的教学目的是帮助学生树立正确的世界观、价值观、人生观、历史观，通过教学坚定大学生对马克思主义的信仰，对中国特色社会主义的信念，对改革开放和社会主义现代化建设的信心，对中国共产党的信赖。因此，透过历史事实去说明政治上的道理才是关键。

历史学的研究方法和马克思主义学科的研究方法有联系，也有区别。中国近现代史纲要课程教学要遵循马克思主义学科的教学规律，使用马克思主义学科的研究方法。当前，中国高校中国近现代史纲要课任课教师中历史学科专业背景的比重很大，历史学科理论功底扎实是其教学优势，同时，这也导致其政治学科背景知识不足，这就使一些高校出现教师由于专业背景习惯，在授课和考试中无意识地"强化历史、淡化政治"，形成把政治课上成历史的现象。这一现象，其实是中国近现代史纲要课程成为进入马克思主义学科最晚的一门课程，并且相关理论问题研究较晚成为马克思主义学科二级学科的重要原因。

要处理好这对关系，就需要教师做好两方面工作。一方面，教师要时刻强化政治课意识，在教学和考试中严格按照政治课教学规律办事，在具备丰富的历史知识基础上，掌握马克思主义的历史观。时刻坚持将两者紧密结合，并将两者有机统一起来，实现通过讲授课程宣传和践行社会主义核心价值观的目标。另一方面，教师要加强自身马克思主义学科修养，尤其是提升个人马克思主义哲学素养，善于把历史现象上升到哲学高度，用抽象的哲学和政治理论语言讲授课程，真正做到实现教学大纲要求的目标。

2. 正确处理好课程理论教学与课程实践教学的关系

思想政治理论课教师的理论讲授十分重要，但是必要的实践教学环节也同样重要。由于当前大多数教学班的教学规模（单个教学班的人数）都较大，因此，在当下"中国近现代史纲要"课程教学中的实践教学活动的场所主要是课堂。要做到理论教学与实践环节有机结合，需要做好下述几方面的工作。

首先，坚持用理论指导实践活动。正如前文所述，"中国近现代史纲要"课程是通过历史事实来实现讲清"三个选择"的目标，因此，如果仅仅靠教师的讲授比较难达到最佳的教学效果，组织学生参加教学实践活动，让学生把课程讲授的理论应用到认识与理解社会现实问题，有利于把学生培养成善于理论联系实际的人才。因此，教师在理论教学环节要努力把理论讲透，让理论成为实践活动的指南；学生在实践活动中要主动使用课程教授的理论去解释、解决实际问题，使实践活动成为证明理论正确性的有效途径。

其次，要始终坚持以教材和大纲为指南。2004年1月，中共中央发出《关于进一步繁荣发展哲学社会科学的意见》，提出实施马克思主义理论研究和建设工程。当前国内高校使用的《中国近现代史纲要》教材，都是由国家统一组织编写的纳入马克思主义理论研究与建设工程教材，具有高度的科学性和权威性。任课教师在授课和设计实践活动过程中，都要始终围绕着教学目的，遵循教材中的基本观点、基本结论，以及对一些历史事件和历史人物的基本评价，即便是在实践教学环节中，教师也不能根据自己的想法，任意发挥。

最后，分析当代大学生的思想特点和行为特征。当代中国正处于一个高速发展的时期，社会、经济飞速发展以及社会上不同媒体传播的信息，都对大学生的思想和行为影响巨大。教师在理论教学中要强化正确的思想导向，教育学生用正确的思想理念思考、解读现实问题。在实践教学中有的放矢设计实践环节，并激发学生独立思考的意识，引导学生参与到实践教学，努力达到"中国近现代史纲要"课程教学的实效性目标。

3. 正确处理必修课课内教学与课外活动的关系

在必修课课内教学基础上，开展课外参观和社会调查是提高"中国近现代史纲要"课程教学效果的重要手段。在具体工作中，需要关注如下几点。

首先，坚持用现代教育理念处理两者关系。传统教育理念指导下的教学工作是以教师讲授为主，强调知识的讲解。用现代教育理念重视学生在教学中的作用。因此，在课内教学过程中，教师要注重教会学生知识与教会学生方法并重；在课外活动实践环节要激发学生创造性思维实现创造性解决问题为目标。要实现上述目标就要教师加强对学习过程理论的研究。在具体教学过程中，要有针对性地设计课内教学内容和课外活动实践教学环节，实现两者有机结合、有效衔接。组织、引导学生主动参与课外活动，努力为学生创造独立思考、自由发挥、自主学习的时间和空间中，理性认识历史、理性认识社会，帮助学生促进学生认知和情感的全面和谐发展，提高学生综合素质，实现教育从专才教育向通识教育的转变的目标。

其次，要注意两者设计教学内容上的差别。必修课课内教学，可以按照统一大纲设计教学内容。课外活动则可以在正确思想引导下，认真调研、收集、整理学生对于近现代史中典型问题的疑点、困惑，结合社会热点设计具体的活动方案。例如，在抗日战争胜利70周年的背景下，就可以组织学生参观中国人民抗日战争纪念馆，组织学生调研北京周边的抗日战争遗迹、遗址，访谈抗日战争亲历者。

最后，要注意两者教学环境的不同。必修课课内教学环境是课堂，课外活动大多是校外公共场合。因此，要在开展课外活动时加强社会基本公德规范和安全教育，提醒学生注意自身和学校的形象，杜绝不良行为，促进学生全面健康发展。

4. 正确处理好思想政治课必修课与思想政治理论课选修课的关系

教育部发布的《高等学校思想政治理论课建设标准（暂行）》中指出要"积极创造条件开设本科生和研究生层次思想政治理论课选修课"，说明开设思想政治理论课选修课的意义十分重大。但是，在执行过程中如何处理好思想政治课必修课与思想政治理论课选修课两者关系，是一个崭新的话题。

"中国近现代史纲要"课程是本科生必修课，由国家统一制定的教学大纲以及全国著名专家编写的统编教材，并且不断提供教学辅助资料。与近现代史内容相关的公共选修课，是根据教育部指导意见与本校实际情况设计的课程，教学大纲是授课教师根据所在学校的规定编写的，课程一般没有教材，教师建议学生课外阅读一些图书。"中国近现代史纲要"课程是一个贯穿100多年历史脉络的体系，与近现代史内容相关的公共选修课大多数是选择一类历史事件开设课程，比如以红色影视作品赏析形式出现的艺术欣赏与革命传统教育相结合的课程，或者某一具体历史阶段为背景开设的课程，比如以敌后抗日战争为主题，以展示中国共产党领导的八路军、新四军所起的"中流砥柱"作用的"敌后游击战史话"等。

任课教师在设计和开设与近现代史内容相关的公共选修课时，应当注意以下几方面。

首先，认识到所有的思想政治理论课都是为培养学生树立正确的世界观、人生观、价值观、历史观而开设；同时，要认识到思想政治类选修课为必修课辅助的，要和必修课的教学理念保持一致。

其次，要认识到是思想政治理论课都应有完备的体系，这两者体系的建立都是在党和国家思想政治教育指导思想下进行的。

再次，要认识到"中国近现代史纲要"课程是以整个历史脉络为教学内容的，思想政治类选修课可以选择一个点作为课程教学体系设计的指导。在相同的教学指导思想下，前者要保证教学内容的全面性、系统性；后者可以从一个角度实现讲清"三个选择"的目标，可以"片面而深刻"，两者可以互为补充。

最后，要认识到"中国近现代史纲要"课程虽然也需要引入现代教学方式方法，但要根据教学大纲要求进行选择，影视类教学辅助材料要少而精；思想政治类选修课因为可以选择一个历史阶段作为教学重点，可以适当增加影视类教学辅助材料，以达到激发学生学习兴趣的目标。

（三）建立近现代史纲要课程教育创新实践的保障体系

结合调研，笔者认为，要实现近现代史教育创新实践目标，就需要营造良好的外部环境，因此，建立近现代史纲要课程教育创新实践保障机制十分重要，要实现这一目标，需要做好下述几方面的工作。

1. 建立为教育创新实践服务的教研组织

近现代史纲要课程教研组织是保障近现代史纲要课程教学工作顺利进行的基础，也是开展近现代史纲要课程教育创新实践的载体。近现代史纲要课程教研组织一旦成立，就可以发挥做好近现代史纲要课程教学教育工作的功能，实现近现代史纲要课程按照国家教学大纲要求开展教学工作的目标。事实证明，近现代史纲要课程教研组织建设是促进近现代史纲要课程教学效果不断提高的机制保障。

近现代史纲要课程教学组织是以完成课程教学任务为主要职责的组织机构，它具有管理、指导、执行等功能，是开展教育近现代史纲要课程教学工作的重要保证。加强近现代史纲要课程教研组织建设，可以不断领会国家近现代史纲要课程教学修改新思路、不断丰富教学体系，探索教学新方法；同时，也可以避免教师个人学习新精神、新观点可能出现的偏差。因此，建立为教育创新实践服务的教研组织十分关键。

2. 教师在职培训制度保障

加强近现代史纲要课程教学工作的管理力度，保证日常教学工作和教育创新实践活动的顺利开展，必须深入研究认真思考，制定有关近现代史纲要课程教学工作的管理制度，并在实施过程中注意不断完善，使近现代史纲要课程日常教学工作和教育创新实践活动有章可循，保证其走向科学化、规范化。为了提高教师的教学工作和创新实践能力，可以制定近现代史纲要课程教师在职培训制度，并保证内容具体、翔实，富有操作性，有力地保障近现代史纲要课日常教学工作和教育创新实践活动的顺利开展。

近现代史纲要课程教学工作成败根本在于要培养一支高水平的近现代史纲要课程教师队伍，近现代史纲要课程教师应具有较强的近现代史纲要课程教育创新意识和教学能力，这是开展近现代史纲要课程教学工作的前提保证。

在具体工作中应当围绕近现代史纲要课程教师的五个方面素质结构（即近现代史纲要课程的教学热情、教学品德、教学情感、教育创新意识、教学能力），制定具体在职制度，尤其是分层培训（即对课程负责人、教学组织骨干和全体教师分层次培训），通过课程负责人、教学组织骨干带动全体近现代史纲要课程教师。

首先，课程负责人培训。课程负责人要成为成功的有远见的管理者，有赖于自身与近现代史纲要课程教学相关理论素养的提高。它源于实践，又高于实践，任何有经验的课程负责人，如果不坚持不断学习，仅靠经验是不能达到近现代史纲要课程不断提高的教学要求需要达到的高度。近现代史纲要课程教学理论素养的提高，一方面是通过学习的途径，另一方面还必须积极参加近现代史纲要课程教学研究活动，并在教学活动中把近现代史纲要课程教学理论和教学实践结合起来，提高近现代史纲要课程教学工作水平。在培训内容上以提高被培训者教学能力、教学情感为中心，不断优化本单位近现代史纲要课程教学工作体系。在培训形式上采取半脱产、分阶段集中辅导、与成功者交流经验、去其他学校参观学习考察等形式。培训可以包括三个阶段：第一阶段，读书交流与自主学习阶段，以自学、交流、研讨为主，形成学习体会；第二阶段，自主学习与实践创新阶段，在提高理论水平基础上，考察先进学校经验，根据本校近现代史纲要课程教学工作实际选择近现代史纲要课程教育创新主题并实施；第三阶段，理论与实践相结合基础上，上升至理论高度，提出具有一定理论价值的近现代史纲要课程教育创新实践工作方案。

其次，近现代史纲要课程教学骨干教师培训。近现代史纲要课程教育创新实践工作全面启动需要一批课程教学组织骨干的带动。近现代史纲要课程教育创新实践过程是课程教学组织骨干成长的必由之路，是"经验型"教师转变为"研究型""学者型"教师的捷径。要通过培训，使他们在专业知识与学术水平、课程教学工作能力等方面有大幅度提高，通过培养他们的创新精神和实践能力，发挥他们在实施近现代史纲要课程教育创新实践工作中的带头人和示范作用，并以近现代史纲要课程教学组织骨干为带动线、促进面，起到辐射全体教师的积极作用。

最后，近现代史纲要课程普通教师培训。现代近现代史纲要课程教学工作是要实现以人为本、促进大学生素质提升的教学目标为目的，对课程教师的角色提出了更高更新的要求，教师不仅要"组织和完成教学活动"，还要成为大学生素质提升的帮助者、指导者、促进者和合作者，成为近现代史纲要课程教学资源的开发者、研究者和使用者，成为近现代史纲要课程教育创新实践活动的组织者、探究者和反思的实践者。培训活动正是实现近现代史纲要课程教师这一角色转变的重要手段。在培训方式上改变原有的模式，注重针对性和实效性。在对全体课程教师的培训可分四个阶段。第一阶段：学习阶段。从教师教学能力不断进步和终身学习的战略高度出发，本着前瞻性与实效性相结合，专业知识与教育研究方法相结合的原则，建设开放性培训体系。组织广大近现代史纲要课程教师深入学习近现代史纲要课程教学理念等，开展"基层近现代史纲要课程教学"的专题研讨，组织近现代史纲要课程教学骨干以座谈会形式谈体会、讲经验，让广大教师充分认识到开展教师培训对自身成长和发展的重要作用，不断强化课程教学意识。第二阶段：反思阶段。开展教师培训，被培训者的反思能力可以通过各种干预性研究得以加强。所以培养教师反思能力是关键。近现代史纲要课程教师要善于在近现代史纲要课程教学实践中形成问题意识和研究意识。组织教师开展"反思自查"活动，让教师对自己的实际工作进行反思，并做笔记记录。第三阶段：提出问题阶段。根据反思结果，大胆提出问题，并运用教学理论提出近现代史纲要课程教育创新实践相关问题的假想解决。第四阶段：教育创新实践课题立项阶段。在对实际问题的假想解决中，提出自己要研究的课题。通过这四个阶段的落实，强化教师的教学意识，提高他们的教学能力，使近现代史纲要课程教师认识到开展基层近现代史纲要课程教育创新实践必须立足本校实际。近现代史纲要课程教学绝不是空中楼阁，它必须牢牢地植根于具体近现代史纲要课程教学实践之中，从近现代史纲要课程教学活动中的实际问题入手，运用理论指导实践，最终达到解决问题，提高近现代史纲要课程教学工作水平的目的。在培训的四个阶段中，要特别强化反思阶段。

3. 近现代史纲要课程教育创新实践的经费保障建立支持创新的组织机构

近现代史纲要课程教育创新实践既需要人的投入，也需要必要的资金投入。在具体工作中可以实施"近现代史纲要课程教育创新实践补贴"模式，扶持近现代史纲要课程教育创新实践活动开展，即结合具体的近现代史纲要课程教育创新实践活动设定目标，由教师提出教改设想，经过专家审查后确定教改活动，按照活动所需给予补贴；在活动完成后根据完成效果进行评价，并对效果好者给予奖励。

4. 近现代史纲要课程教育创新实践活动基地保障

要建设好近现代史纲要课程教学基地，主要要做好如下两方面工作。

首先，建立近现代史纲要课程教学实践基地，发挥示范、辐射作用。

开展基层近现代史纲要课程教学工作必须有一批教学实践活动基地。在具体工作中，要加强组织领导，成立由教学部门负责人和合作基地负责人组成的近现代史纲要课程教学基地建设领导小组，统一管理、协调基地建设工作，领导小组的主要工作由课程负责人承担；扶持重点，优先考虑课程教学实践基地所需的资料、信息，为每个近现代史纲要课程教学基地创造开展实践教学工作的良好环境。积极引导普通教师在近现代史纲要课程教学实践基地建设中充分发挥作用，抓关键，抓核心，以点带面，充分利用教学实践基地，带动课程教学水平整体提高。

其次，近现代史纲要课程教学实践基地的建设发展，离不开教学专家的引领。

农林院校要想做好近现代史纲要课程教学工作，提高教学质量，需要有外援，即有关专家的智力支持。这是很多高校成功的经验。专家在农林院校近现代史纲要课程教育创新实践中的作用主要体现在以下四个方面。

第一，信息作用。由于专家身处著名高校或研究机构，长期进行近现代史纲要课程理论和教学研究工作，了解近现代史纲要课程教学发展动态，掌握最新信息，会起到信息传播的作用。

第二，理论指导作用。相对于普通教师，理论高度是专家的优势所在，邀请校外专家到学校传授理论、课题设计论证，都属理论指导作用。

第三，咨询服务作用。表现在专家者就教师在近现代史纲要课程教学活动中遇到的实际问题进行解答、析疑等。

第四，培训师资作用。即专家运用自己的学识、能力，通过讲座、课题参与等，帮助教师提高课程教学工作素质。

上述四种作用是有机统一的，在实践中很难把它们截然分开。

二、地方农林院校纲要课教育创新与"行走课堂"建设具体措施

在技术创新领域，一些学者根据创新进入市场时间的先后，将技术创新分为率先创新和模仿创新两个基本类型。率先创新指依靠自身的努力和探索，产生核心技术或核心概念的突破，并在此基础上依靠企业自身的能力完成创新的后续环节，率先实现技术的商品化和市场开拓，向市场推出全新的产品或率先使用全新工艺的一类创新行为。在技术创新领域，率先创新都是根本性的创新，开辟的一般都是全新的市场和领域。模仿创新是指企业以率先创新者的创新思路和创新行为为榜样，并以其创新产品为示范，跟随率先者的足迹，充分吸取率先者成功的经验和失败的教训，通过引进购买或反求破译等手段吸收和掌握率先创新的核心技术和技术秘密（以不违法为前提），并在此基础上对率先创新进行改进和完善，进一步开发和生产富有竞争力的产品，参与竞争的一种渐进性创新活动。

应明确指出在技术创新实践中，率先创新与模仿创新两种工作模式是不能截然分开的，而应当是两种工作模式在战略层面、战术层面上相互渗透、交融，实现你中有我、我中有你，在率先创新中实现系统核心技术或核心概念取得突破性成果的同时，对于相关的辅助（或次要）子系统采用模仿创新工作模式以加快创新步伐与效率，实现节约资源使创新活动事半功倍的目标。而模仿创新工作也应在取得即时成果的同时，充分消化吸收先进技术，寻求突破原有技术的途径，实现率先创新，以取得超越性成果。

在此，笔者将模仿创新与技术创新这两个概念引入近现代史纲要教育创新领域。笔者认为近现代史纲要教学中的创新实践活动是一项探索性的工作，在教育领域，模仿创新、率先创新与技术创新领域的表现不同。因为，在物质产品生产领域产生的依旧是具体的物质产品，当然符合技术创新的规律。在教育领域，模仿创新、率先创新产生的都不是具体的物质产

品，而是一种工作理念或工作模式。在教育领域，由于不存在技术领域中的专利和技术壁垒优势。因此，采取率先创新可以赢得教育界同行的认可。因为成功者所处的环境、教育者、受教育者、教学内容等的具体情况不可能与创新经验移植者实际情况完全相同，采取模仿创新引进可先进经验时，必须要根据自身实际有所创新，不能简单模仿，否则就会出现"南橘北枳"的现象。

在地方农林院校，一般主流专业门类偏农，人文学科发展不足；在近现代史纲要课程教育创新实践活动，大多比较难以实现率先创新。因此，根据学校基本情况，分析学生和专业特点开展模仿创新就成为地方农林院校的必然选择。根据笔者调研和近两年的实践，以教育部印发《高等学校思想政治理论课建设标准》（教社科〔2015〕3 号）为指导思想，以教学方法改革、优化教学手段为抓手，以考试评价方式改革为契机，以建立健全科学全面准确的考试考核评价体系，注重过程考核理念，合理安排课堂教学时间引导学生真心投入实践教学的总体思路，提出具体工作建议如下。

（一）引入学术性辅助教学手段

近现代史纲要课程是马克思主义学科体系中的课程，要开展教育创新实践应引入学术性辅助教学手段提高教学效果。地方农林院校要实现上述目标，模仿创新是必然的选择，学习研究著名高校的先进经验是第一步。下面介绍 2013—2014 学年第一学期清华大学马克思主义学院蔡乐苏教授在某一课堂的近现代史纲要课程教学和考核要求体系，并以此为蓝本分析地方农林院校模仿创新的路径选择。

首先，根据清华大学创造的网络课堂硬件条件，课程开始后，蔡教授把课件及本课程建议学生阅读的书目全部放入该课程的网络课堂空间；这样，全体选该课堂的学生可以使用自己的课程密码进入空间获得教学资源，课上可以更专注于老师教学，记笔记重点由记课件内容转换为记教师讲授的核心内容，拥有了更多的思考空间。然后，布置二选一作业：写一篇现近代史人物传记，以史记人物传为蓝本，鼓励用古文写作；选择中美、中苏（俄）、中日关系之一为题目，或者以周恩来、宋子文、胡适之为题目撰写小组课堂展示材料，参加教师组织的课外初选，每一题目初选最优秀的一组进行课堂展示。参加筛选者所提交的材料与写的人物传记作为学生的作业计入 50% 成绩，与课程结束后开卷考试的 50% 成绩合计为总分。

以地方农林院校北京农学院为例，因地处北京，学校硬件条件要好于地方同档次学校。但是，校园网也难以支撑大量教学资源访问，这一点从学生公共选修课选课时的网络状况就可以看出；同时，学生学习的主动性是无法和清华大学学生相比的。因此，不建议课前给课件，只建议学习课前提供阅读参考书目。课堂展示环节，建议学习清华大学第一节课提出选题、布置作业的模式，题目要有深度，不要选择普通的演讲（不论学生是网上搜索成型演讲稿，还是自己写稿都可能出现理论水平不高的现象）。慎重选择辩论赛作为展示手段，主要原因是近现代史上可以作为辩题的内容需要准备大量背景材料，这项工作比一般普通辩论赛要准备得更多，也可以说辩题更深、更难（以中国中央电视台和新加坡新传媒机构联合主办的 2007 年国际大学生辩论群英会为例，其决赛辩题是"赞不赞成送老人去养老院"），如果准备不充分就会流于形式。

要学习先进学校经验，认真组织学生课外阅读很重要。有的学生自己课下学习思想政治理论课知识的欲望并不强烈。因此，可以要求学生读书写心得，按照一定比例计入考试成绩来实现设计目标。

在引导学生读书开展研究性课外阅读辅助必修课教学的工作中，更要引导学生独立思考。例如，近年来一种思潮认为："要重新看待西方殖民侵略，是西方殖民侵略推动了中国历史发展进程，使得中国由两千年的封建社会走向现代文明。"以这种思潮为代表的错误观点，有时还会把马克思论述英国在印度的殖民统治"充当了历史的不自觉的工具"和殖民主义具有"双重使命"的观点，作为佐证观点的依据。要帮助学生认识到这种思潮观点的错误所在，就要引导学生认真阅读马克思原著，回到马克思这一论述的历史语境，准确地领会和理解马克思著作的原意。

马克思在《不列颠在印度的统治》一文中谈到殖民主义指出："的确，英国在印度造成社会革命完全是受极卑鄙的利益所驱使，而且谋取这些利益的方式也很愚蠢，但是问题不在这里，问题在于如果亚洲的社会状况没有一个根本的革命，人类能不能完成自己的使命，如果不能，那么，英国不管是干出了多大的罪行，它造成这个革命毕竟是充当了历史的不自觉的工具。"马克思在《不列颠在印度统治的未来结果》一文中指出："英国在印度要完成双重的使命：一个是破坏的使命，即消灭旧的亚洲式的社会；另一个是重建的使命，即在亚洲为西方式的社会奠定物质基础。"他还指出："英国资产阶级将被迫在印度实行的一切，既不会使人民群众得到解放，也不会根本改善他们的社会状况，因为这两者不仅仅决定于生产力的发展，而且还决定于生产力是否归人民所有。"必须注意的是马克思对此问题有一段结论性的论述："在结束印度这个题目时，我不能不表示一些结论性的意见，只有在伟大的社会革命支配了资产阶级时代的成果，支配了世界市场和现代生产力，并且使这一切都服从于最先进的民族的共同监督的时候，人类的进步才会不再像可怕的异教神怪那样，只有用被杀害者的头颅做酒杯才能喝下甜美的酒浆。"

根据上述论述，品读马克思分析历史问题的立场、观点、方法，就可以读懂马克思所要表述的意思是：英国虽然在印度播下"新的社会因素"，但是，只有在摆脱英国殖民统治、生产力归本国人民所有之后，人民才能得到实惠。由此能够发现错误观点用断章取义的办法曲解马克思本义事实。

综上所述，引导学生阅读、独立思考，让学生自己得出正确结论，比教师直接讲结论效果更好。

(二) 历史情景剧纳入教学体系

以北京农学院为例，艺术类课程教师是思想政治理论教学科研部的组成部分。发挥艺术类课程教师特长，开展历史情景剧教学，是开展近现代史纲要课程教育创新实践的新途径之一。

如果历史情景剧仅仅是简单的人物对话或者小品相声，必然缺乏内涵，很难吸引学生的注意力。因此，在历史情景剧的设计上应当以历史独幕剧形成出现。所谓历史独幕剧是以历史事件或人物为写作题材、以独成一幕的规模展现给观众的短剧。这类戏剧表现形式会因相对时间和场地等方面因素的严格限制，呈现出与小品和多幕剧的不同。一般变现为结构紧凑、剧情矛盾冲突展开比较迅速；但话剧所应具备的基本情节部分——开头、发展、高潮、结尾在整个历史情景剧中均应被表现出来。

历史情景剧纳入教学体系过程中，需要学生去扮演历史角色，角色扮演法是历史情景剧纳入教学体系基础性方法，也是保证课程教学质量的关键。

角色扮演法，就是通过戏剧的形式来再现实际生活当中可能会遇到的各种情境，用模拟案例方式实现教学目标。在党史国史教育类公共选修课程中使用角色扮演法是由教师事先设计与主题相关的情景，按照案例中的具体情节，由学生扮演案例中的角色，再现案例情境，给学生以真实具体的感受，在表演结束后引导学生对案例进行评析。这种方法的主要优点包括：通过模拟再现历史场景、提供角色扮演者的表演技能。但是，模拟场景与历史场景的偏差是不可避免的，同时，开展角色扮演也要求表演者具备比较高的表演天赋，如果处理不好上述问题，将会影响教学效果。

使用角色扮演法应当注意以下三点：首先，教师需要做好"导演"；其次，角色扮演者需要做好"演员"；最后，应当鼓励其他学生做好"观众"。

在具体的教学工作中，教师应当首先设计教学需要的角色扮演"剧本"。需要说明的是党史国史教育类公共选修课程所需要的"剧本"都有明确的教学目的，这与一般的戏剧和小品剧本是有本质区别的。因此，保证逻辑严谨，剧本内容与所要反映的知识点相吻合。

在此基础上，在课前要选择"演员"，要求被选中的学生依照剧本进行排练。教师要全程参与学生的排练工作，对于学生的即兴发挥要控制，即便出现"演员"提出修改剧本的要求，也要权衡是否与教学目标相悖，如果与教学目标一致，可以适当修改，但必须要求学生按照定稿剧本演出。

在课堂上，学生开始表演前，教师要适当交代背景，同时要求其他同学带着思考观看"演出"，提出一些供讨论或总结时使用的问题。当"演员"表演结束后，可以由学生进行讨论，然后选择学生代表发言，对教师预先提出的问题进行回答，表达个人的看法。教师在学生发言的基础上进行总结，引出需要学生掌握的知识点。

使用角色扮演法，教师要牢牢控制整个教学进程，保证不偏离教学方向，实现角色扮演需要达到的教学目标。

（三）健全与完善近现代史纲要课程课外参观实习制度

二类农林本科院校学生易出现学习热情不高、自主学习意识下降的情况，如果近现代史纲要课程课外参观实习活动没有必要的约束条件，有时可能出现难以保证实习效果的情况。因此，健全与完善课外参观实习制度十分关键。在具体的工作中，需要关注如下几方面问题。

首先，整合北京行政辖区内所有可供参观资源，形成课外参观实习备选实习地点名录。可以包括国家博物馆、北京新文化运动纪念馆、中国人民抗日战争纪念馆、北京市禁毒教育基地、李大钊故居、李大钊墓园、一二·九纪念亭、抗战雕塑园、平西人民抗日斗争纪念馆、平北人民抗日斗争纪念馆、鱼子山抗日战争纪念馆、顺义焦庄户地道战遗址纪念馆、"没有共产党就没有新中国"纪念馆，以及抗日烈士佟麟阁将军墓、赵登禹将军墓等。

其次，建立完备的安全预案，保障课外近现代史纲要课程课外参观实习活动的安全。开展近现代史纲要课程课外参观实习活动，安全工作最重要。因此，就要在吸引大多数学生参与的同时，建立合理、切实可行的安全保障体系。在具体的工作中，每一次活动前组织者都要制定详细的安全预案，保障近现代史纲要课程课外参观实习活动的安全，依据安全预案将学生逐层次分组，最底层小组为 3 人，每一层级均确定具体的负责学生；同时，将交通路线精确到点，下发全体学生。

再次，结合考核制度改革组织者全程参与，保证近现代史纲要课程课外参观实习活动质量。在学生自主学习意识下降、自主学习欲望不强的背景下开展课外实习，如果仅仅是让学生自由选择时间参加，即便纳入教学环节都有可能出现学生草草参观走过场。因此，在自由参加的近现代史纲要课程课外参观实习活动中更要加强协调工作，组织者切不可集体订票把大学生带进博物馆就撒手不管。组织者全程参与对保证实践活动质量很重要。在笔者组织学生参观"复兴之路"等展览时，全程讲解，并与大学生志愿者互通交流，这样大学生志愿者就会更加深刻理解"三个选择"，认识到志愿活动的社会价值，更好地投入到志愿者服务工作中去。

最后，努力创新实践活动形式，为优秀学生大奖展示平台。近现代史纲要课程课外参观实习活动可以让大多数学生获得感性认识，对于少数对近现代史有比较浓厚兴趣的学生就需要给他们创造更好的提升空间。在参观基础上开展近现代史遗迹寻访等课外访谈内容，是可以让学生有所提升的。访谈成果可以是对历史遗迹寻访的总结，或者是"口述历史"形式的访谈记录；但是，这类学生活动成果一般难以在重视问卷数据的思政课社会实践竞赛中获奖，也就难以引起二类本科院校有关部门重视。因此，组织者要逐步向学生渗透为理想和素质提升不计较名利的思想，这样才能使学生觉得参与这种活动不仅是兴趣，更有价值和意义。同时，还应努力争取一些红色遗迹单位和所在地政府协商组织讲解志愿者活动，为优秀学生搭建展示平台，让学生取得更大收获。

第三节 依托校外资源开展"行走课堂"建设探索

一、依托社会资源建设近现代史教育"行走课堂"

(一) 围绕党史国史教育开展"行走课堂"活动的必要性分析

"05 方案"新课程体系的确立，国务院学位委员会、教育部调整增设马克思主义理论一级学科，为高校思想政治理论课教育创新实践指明了方向。"中国近现代史基本问题研究"是进入马克思主义理论一级学科最晚的二级学科。如何处理好第一课堂与第二课堂的关系，在从整体上把握近现代史发展的规律，讲清"三个选择"基础上，根据所在学校特点通过实践活动帮助学生学好国史、党史是一个现实的问题。

笔者根据对北京市市属二类本科的调研认为：扩招后二类本科院校必须从注意实践教学的多样性入手，围绕党史国史教育以学生自愿参与为原则探索"行走课堂"活动规律，是实现"行走课堂"服务第一课堂教学的有效途径。

招生规模扩大之后多数学校都倍感教学压力，授课规模越来越大。我国 1998—2014 年高考录取人数详见表 3-1，17 年间增加了近 7 倍，而教师的增加数量却远远赶不上学生的增长，这使得教师的教学压力越来越大，个性化教育和小班教学越来越难以实现。随着高考录取比例由 34% 提高到 76%，一些未来工作环境相对艰苦的冷门学科和专业，比如农林专业、采矿专业等，其生源的质量有明显的下降。

表 3-1　1998—2014 年全国参加高考人数和录取人数统计

年　份	参加高考人数（万人）	录取人数（万人）	录取率（%）
1998	320	108	34
1999	288	160	56
2000	375	221	59
2001	454	268	59
2002	510	320	63
2003	613	382	62
2004	729	447	61

（续表）

年　份	参加高考人数（万人）	录取人数（万人）	录取率（%）
2005	877	504	57
2006	950	546	57
2007	1010	566	56
2008	1050	599	57
2009	1020	629	62
2010	957	657	69
2011	933	675	72
2012	915	685	75
2013	912	694	76
2014	939	698	74

注：根据中华人民共和国教育部历年的《全国教育事业发展统计公报》整理。

　　如果一个教学班级学生在 30 人以下，就很容易实现师生互动、启发式教学和课堂讨论，学生会有机会主动地发表意见；如果一个教学班级学生在 60 人左右，就只能以课堂提问的方式实现与教师的沟通，学生较难有机会主动发表意见；如果一个教学班级在 100 人以上，那么，只能是教师作报告，学生只能听讲，基本没有机会发言和互动。要实现让历史鲜活起来，让信仰坚定起来的目标，就需要探索实践教学的多样性，围绕党史国史教育开展"行走课堂"活动。

（二）基于社会资源的近现代史教育"行走课堂"形式概述

　　2004 年起，笔者所服务的学术团体被要求筹建科普工作委员会。在调研中发现，未来的科普工作是需要一批能够下基层的科普志愿者，原有的青年工作委员会成员大多工作繁忙。因此，组建一支大学生为主体的青年科普志愿者队伍成为当务之急。如何把来自不同会员单位（不同高校）、专业背景差异较大、相对松散的大学生迅速凝聚成为一支有战斗力的志愿者团队是完成志愿者招募后面对的第一个课题。在充分调研后，笔者提出以爱国主义精神培养形成团队凝聚力的设想。事实证明这个设想不仅解决了志愿者团队整合问题，而且拓宽了科普工作领域，形成了自然科学普及（科普）和社会科学普及并举的局面。后来笔者兼职班主任时又将此模式引入帮助大学生树立理想的工作中。在具体的工作中，笔者主要采取了如下几种方式。

第一，党史国史教育参观活动。党史国史教育参观就是组织大学生志愿者，利用节假日和周末，到纪念馆、博物馆、档案馆、历史遗址开展以参观学习为主要形式的社会实践活动。北京为党史国史教育参观类的社会实践活动提供了得天独厚的历史资源。充分利用这些资源，可以消减学生的历史陌生感，增加学生的历史现场感，提升教学品位，取得预期的学习效果。针对班级可大规模组织学生（60人左右）集体前往参观地点，对于学会的志愿者则可根据学生所在学校将志愿者分成小组，发出交流路线指引志愿者自行前往，在活动地点集合，集体完成参观活动。课外参观前，组织者需要根据参观的地点设计参观方案和目标，建议学生查阅相关资料，做好参观前的各项准备工作。参观结束后，还需要组织学生举办座谈会交流参观心得，分享参观体会。座谈会后，组织者可以根据学生发言情况进行的分析与总结。

第二，党史国史教育社会调查和服务基层。科普工作为学会获得许多社会资源，充分利用这些志愿者，引导大学生志愿者开展调查、采访活动，由大学生发现身边的历史，体会现实中的历史。组织大学生志愿者学生发现、挖掘，感受近现代史事实，可以使学生更加真实地了解历史，从而培养大学生志愿者担当社会责任的意识，成为合格的科普志愿者。进入基层街道、乡镇、社区，开展"口述史"形式的社会调查，可以全方位的提高学生的综合素质。在这项工作中，所选的调查对象是鲜活、具体的当代人，调查的内容涉及政治、经济、文化、社会生活等领域的变迁与发展。调查活动开始前，组织者一般可以与大学生志愿者共同讨论设计调查提纲，确定采访范围，并动员各种社会资源，保证社会调查工作的完成。社会调查工作结束后，组织者可以指导学生完成调查报告，在机会允许的时候参加竞赛。笔者指导大学生志愿者完成的调查报告先后获得北京市科学技术协会组织的大学生暑假调查报告比赛二等奖1项、三等奖3项。根据社会调查结论，大学生志愿者常常会对提供调查条件的近代史遗迹所在地提出一些建议。部分地区，不仅采纳了建议，而且邀请一些专业有所长的大学生志愿者参与诸如活动策划、宣传品设计、开发等具体工作，这就拓展了部分大学生志愿者实习、实践的空间。

第三，课外影视作品赏析。课外影视作品赏析，就是利用课外时间，播放经典影视作品或片段，师生共同完成该片段所涉及的党史国史教育内容的学习。课外影视作品赏析还包括记录电影赏析。影视作品、记录电影是历史场景的再现与记录。观看影视作品、记录电影，可以使学生在"活"的"历史现场"，获得对所学内容的感性认识，而直观的视觉体验又可弥补大学生学识、阅历的不足，提升学生的历史理解能力。课外影视作品赏析是最受学生欢迎的实践教学方式。一次成功的课外影视作品赏析教学，需要组织者精心选择课外播放内容，全面了解该影视作品的创作历史，客观、科学地审视影视作品再现的相关历史理论问题。也就是说，对组织者而言，课外影视作品赏析，重点在"析"，而不是"赏"。"析"就是科学、严谨、恰到好处地分析。这项活动已逐步发展成街道、社区社会科学普及活动的一部分。

（三）获得党史国史教育"行走课堂"资源的对策

围绕党史国史教育开展"行走课堂"活动是提高学生素质的有效途径，经过对多年来开展实践活动效果的研究，笔者认为，围绕党史国史教育开展"行走课堂"活动，关键是要建立稳定的实习资源，在具体的工作中需要解决如下两方面的问题。

1. 敢于创新工作思路争取"行走课堂"资源是保障实践活动效果的关键

农林院校非农类的"行走课堂"建设难度大是一个不争的事实，如果仅仅热衷于建设实习基地，势必使得可用资源相对较少。经过实践，笔者认为创建"实践活动资源柔性流动"模式是解决这一问题的有效手段。

"实践活动资源柔性流动"是借鉴前文"人才柔性流动"概念提出的一种模式。笔者认为"实践活动资源柔性流动"的关键是"柔性流动"。因此，建设"行走课堂"应当坚持"不求所有，但求所用"的原则，以对方能够接待实践活动为目标，以实践活动效果能够达到活动设计最初目标为评判尺度。利用一切可用的资源，即便提供实践活动资源单位不愿意成为名义校外实习基地，只要愿意提供实践活动资源，也应积极合作。

2. 多种模式实现课外实践活动目标是保障实践活动效果的具体手段

围绕党史国史教育开展"行走课堂"活动，需要根据学校实际情况多种渠道获得实践活动资源，具体的方法如下。

首先，利用一切机会努力建设实践基地。围绕党史国史教育开展"行走课堂"活动要以实践单位为基础，针对愿意合作的单位，应当积极合作努力建设实践基地。要建立实践活动基地，就要努力实现双赢。开展以项目式流动为代表的"柔性流动"，所谓项目式流动，就是通过开展项目合作，使教师参与到提供实践活动资源单位的工作中来。在具体工作中，可以采取实践活动组织者参与合作单位的项目形式介入，尽量为实践基地所在单位服务好。要实现这一目标，仅靠教师个人努力是不够的，学校应当给予必要的支持，保证教师真正能够有精力、有时间去为合作单位解决问题，这样才能把与实践基地的合作落到实处。多年来，笔者通过义务为京郊部分乡镇开展"村官"创业培训等手段，与顺义区龙湾屯镇焦庄户村"焦庄户地道战遗址纪念馆"、密云北庄镇大岭村"承兴密联合县抗日政府遗址"等达成挂牌课外实习基地的意向。

其次，用联络情感的方式去获得"准实践基地"。因为许多与学校没有渊源的单位，不愿为"二本"院校提供实习、实践资源，就其原因不外乎，认为大众教育阶段"二本"院校学生实际能力不足，同时"二本"院校知名度不高，不可能因为建立社会实践基地给自身带来更多社会效益，因此不愿意合作。这种现象在农林院校寻求非农林领域实习、实践活动合作单位显得尤其明显，因为这类合作资源往往是由任课教师或者校内其他教师的学术和社会资源获得的。笔者曾经因为联系实习的原因，联系过笔者所在学术领域内结识的单位以及读书期间母校校友工作单位，这部分非农单位往往具备规模大、经常联系的相关部门与农业领域毫无关联等特点，即便经过多次斡旋，他们往往也只愿意以接受实习来解决朋友的私人请求。因此，笔者认为只要可以保障实习效果，完全可以用私人情感去获得保证实习效果的不挂牌的"准实践基地"。

最后，充分利用社会资源围绕党史国史教育开展"行走课堂"活动。随着部分博物馆免费开放，使得学校可以通过出资购买门票或联系集体免费参观获得围绕党史国史教育开展"行走课堂"活动资源。笔者充分利用这些资源，通过带领大学生志愿者进入国家博物馆、北京新文化运动纪念馆、中国人民抗日战争纪念馆、李大钊故居等博物馆，参观"复兴之路"等展览，开阔学生视野。

（四）在博物馆参观中帮助学生树立正确历史观

在博物馆参观中帮助学生树立正确历史观是围绕党史国史教育开展"行走课堂"活动与一般博物馆参观的本质区别，要实现这一目标教师的分组小规模讲解很重要。

一般来说每一次听讲学生不能过多，以学生能够听得清楚为目标。笔者就曾在一天中多次往返"复兴之路"展览为学生做讲解，要保证实践活动效果就要做好分组分流工作。对于一些面积较小博物馆（如北京新文化运动纪念馆等）则可以采取学生分批不同时间到达形式分流。对于较大的博物馆在分组后，一定要保证其他学生在没有排到自己听讲解时有事可做；在参观国家博物馆时就可以采取一部分学生由学生干部带领自由参观其他展览，在约定时间到达"复兴之路"展览开始处与前一批参观听讲解的学生进行活动置换。

在具体的博物馆讲解中，教师要善于用正确的历史观开发讲解内容，这样就可以把一些看上去与历史不相关的博物馆纳入实践活动之中。下面以电影博物馆参观中，讲解分析日本文化侵略工具——"满洲映画社"（以下简称"满映"）的侵略实质和回归中国人民手中的过程为例阐述此观点。

新中国历史上的第一个电影制片厂——长春电影制片厂是抗日战争胜利后，中国共产党接收日本在东北建立的"满映"后组建的。电影博物馆对此只有一句介绍，学生往往会问："满映"是什么？有哪些故事？这里就需要有选择地用一些历史事实去揭露日本的文化侵略。

首先，从日本在东北包括"满映"在内的电影发展史看其侵略本质。

日本南满洲铁道株式会社（以下简称"满铁"）是一个公司外貌出面的情报机构，1923年设立映画班，主要拍摄日本关东军的纪录片，正如《满映——国策电影面面观》（胡昶、古泉，1990）中指出："也可以说'满铁'的电影活动，从一开始就和日本关东军的军事侵略紧密配合在一起，成为关东军的一个喉舌。"1937年8月2日伪满决定成立"满映"。"满映"第一任理事长前清肃亲王的儿子金璧东，第二任理事长是日本人甘粕正彦；关于金璧东任理事长，《满映——国策电影面面观》这样分析："日本人安排金璧东担任理事长只不过是块招牌，而'满映'真正权力掌握在原'满铁'庶务课长、专务理事林显藏手里……早在'满映'成立之前，'满铁'就拍摄了大量的纪录片，对于利用电影政治宣传和对东北沦陷区人民进行奴化教育，已经干了十多年。比起金璧东，林显藏无疑是电影内行。"

据1938年12月15日发行的《满洲映画协会案内》记述如下。

"满洲映画协会，是满洲国的国策会社，根据日满一德一心的正义，本着东亚和平理想的真精神，在平常无事的时候，对于满洲国的精神建国，有重大的责任，对于日本与中国等国家，应当将满洲国的实在情形，充分介绍，使他们十分的认识，而且对于其他满洲国内一般文化的向上贡状资料，到了一旦有事的时候呢？他的责任更大了，就是与日本打成一气，借着映画这种东西，实行对内对外的思想战！宣传战！"

"……再将上项所说的意思重复一下，就是：一、对国民方面呢？满洲国建国精神的普及、彻底，和拿着建国精神为骨干的国民精神、国民思想的建设。二、对国外呢？介绍满洲国的实在国情。三、根据日满一体的国策，介绍、输入日本的文化。四、对学术技艺等向上的贡献。五、一旦有事的时候，藉着映画，用整个的力量，实行时内对外的思想战！宣传战！以协力于国策的贡献。"

"……本着映画来贯彻以上所说的各项目的，就是协会的使命，协会的生命。"

1939年，"满映"新厂房落成（即现在的长春电影制片厂厂址）。于1939年11月1日出任"满映"第二任理事长的甘粕正彦是在"满映"生产文化侵略产品时的负责人。

教师可以在博物馆讲解时引用上述史料，学生就比较容易看出"满映"从始至终都是由日本人所掌控，其目的也绝非拍电影，而是为其侵略服务。

其次，可以从李香兰个人经历剖析揭示"满映"从事文化侵略的隐蔽性。李香兰，祖籍日本佐贺县，本名山口淑子，1920年2月12日出生于奉天省北烟台（现辽宁省灯塔市）。1938年，在"满映"的重新包装下她以中国人身份出现，在日本奉天广播电台新节目《满洲新歌曲》中演唱了《夜来香》《渔家女》《昭君怨》《孟姜女》等中国歌曲，其中《夜来香》使其成名。而后，迅速成为歌坛和影坛明星，演出多部粉饰侵略的电影。1944年，李香兰辞职离开满映，1945年，抗日战争胜利，日本投降，李香兰被"中华民国政府"以汉奸罪罪名逮捕。后来，因证明其为日本人而非中国人的身份，被无罪释放，遣返回日。返回日本后，积极支持和参与中日友好事业，病逝后获得中国外交发言人好评。把一个会说汉语的日本人包装成中国人，再去出演粉饰日本侵略战争的电影，足见其从事文化侵略的隐蔽性。

最后，从中国共产党领导的"东北电影工作者联盟"顺利接收"满映"的原因，分析二战中各种力量在战争中地位和作用。在"满映"发展过程中，国民党特工姜学潜进入"满映"，并逐步成为娱民映画处长。中国共产党之所以最终战胜姜学潜领导的愿意归附中国国民党的势力，关键在"满映"的日本共产党大冢有章的支持下团结了大批日本技术人员。由此，可以进一步引申分析日本的反战力量在战争中作用，分析正义战争是得道多助的。近百名日本工作人员从战争结束后直到 1953 年回国前的约 8 年时间内，为新中国电影事业做出了贡献。在带领学生参观后，可以指导学生收集资料编制日方人员参与电影制作表等活动，认识到抗日战争胜利后到中华人民共和国成立后，参加东北各领域建设的日本人与中国人民的感情是他们回到日本后组建各种团体，为中日友好服务的动力之源。

二、依托街道社区建设"行走课堂"

当代的党史国史教育应该涵盖全体公民，但是，由于现行的高校思想政治理论课"05 方案"中将"中国近现代史纲要"定为本科生四门必修课之一，在高职阶段则没有设置该课程。这样，加上不能进入高校读书的青年，没有从思想政治理论课角度学习党史国史的公民比例很高。通过街道社区层面的科学普及（社会科学普及）和党建团建活动，开展党史国史教育，是补充高校教育的有效手段，同时，也是向更广大人群宣讲党史国史的有效途径。基于此笔者以科学技术普及工作建立的合作关系为基础，结合街道社区提出的要求，参与设计了针对街道社区层面的党史国史教育活动，并为大学生创造以志愿者参与活动的机会是建设"行走课堂"的一个有效渠道。在策划活动过程中，需要充分考虑受众的特点，采取大家乐于接受的方式是关键，具体的工作方式如下。

（一）红色影视作品赏析

在街道社区层面开展党史国史教育活动过程中，一个重要的方式和方法就是影视教育。所谓影视教育就是要使用多媒体等现代教学技术展示影片、视频、图片、歌曲等，从而达到直观的党史国史教育效果。通过观看影片、视频、图片等，了解中国近现代史的发展历程，感受中国近现代史的社会情景，熟悉历史人物，把握重要历史事件。紧密结合中国近现代的历史实际，开展座谈会、讨论会，以党团组织或社区为单位撰写观后感或其他文章。通过对有关历史进程、事件和人物的分析，提高运用科学的历史观和方法论分析和评价历史问题、辨别历史是非和社会发展方向的能力。以影视教育手段开展街道社区党史国史教育，可以引导基层党团员和群众运用马克思主义立场观点分析实际问题，提高解决实际问题的能力，引导街道社区青年具备成为中国特色社会主义事业的建设者和接班人的政治素质。

以影视教育手段开展街道社区党史国史教育，应以马克思列宁主义、毛泽东思想和中国特色社会主义理论体系为指导，以社区志愿者公益讲座为辅助手段，帮助基层党团员和群众了解国史、国情，深刻领会随着近代以来中国历史的发展，中国人民为什么和怎样选择了马克思主义、选择了中国共产党、选择了社会主义道路、选择了改革开放。从而帮助基层党团员和群众不断增强坚持四项基本原则的自觉性、主动性，增强为中国特色社会主义事业而努力工作的责任感，培养社会主义现代化建设事业的主力军。

在街道社区使用影视教育手段开展党史国史教育，可以由基层党团组织（党支部、团支部）组织党团员观看与中国近现代史纲要课相关的影片视频录像照片等，也包括利用业余时间和娱乐时间以文化活动形式组织党团员和群众观看的一些影视作品。所选择的影视作品应紧密围绕党史国史教育工作重点进行的，是为实现党史国史教育工作目标服务的。

选择影视教育的作品在内容上可以主要包括：爱国主义优秀影片，革命先辈、英雄模范、先进人物事迹的报道，历史人物电视连续剧，历史纪录片、文献片，历史栏目评论。影视资料在形式上分为：电影、电视剧、音频歌曲、纪录片、文献片、讲解评论片、现场报道、口述访谈、老照片等。

组织基层党团员和群众观看影视资料时，要注意党史国史教育活动目标与影视欣赏有机结合，也就是结合党史国史教育计划的信息点观看视频，引导观众边观看边思考。一般组织者应在放视频前会有引语或简短的介绍，或者是提出一两个相关问题，这是必须注意的。影片播放完后组织者应根据观众观看的情况，提出问题，并在适当的时候召开观后讨论会，讨论后组织者可以邀请参加讨论会的专家志愿者进行现场点评或提出更深层次的问题。每一个党团员学习周期都可以选取一个典型的视频影片，赏析后进行重点讨论，组织观众以党团组织为单位根据讨论结果深入思考并写出书面报告、心得体会、观后感、影片评论、其他体裁文章，等等。

组织基层党团员和群众要充分发挥多媒体资源的优势，借助图片资料和音像资料所创设的历史情境，加强对党史国史教育计划中重点难点问题的理解。在具体工作中，可以结合党史国史教育工作涉及的近现代史理论内容，选择不同影视资料。总体的来说，可以把影视实践教育从内容上划分为如下 6 个部分。

第一部分，正确反映近代中国的基本国情的影视资料。主要内容可以包括：经典故事影片《鸦片战争》《林则徐》；文艺纪录片《圆明园》《大国崛起》（1—2 集）；中国古代文明的图片和影视资料。

第二部分，正确反映旧民主主义革命时期历史情况的影视资料。主要内容可以包括：文献片《孙中山》；影片《甲午风云》《火烧圆明园》《谭嗣同》《孙中山》《林家铺子》《农奴》《骆驼祥子》。在具体的工作中，可以结合"资本—帝国主义侵略究竟给中国带来了什么"观看《复兴之路》《火烧圆明园》；结合南昌起义观看电影《八月一日》，再现大革命失败至工农兵武装诞生这段时间的历史概貌，通过观影体会老一辈无产阶级革命家的英雄本色。针对"中国共产党成立"这一重大历史事件，结合"马克思主义在中国的传播和中国共产党的诞生"问题进行宣讲，组织基层党团员和群众观看大型电视文献片——《光辉历程——从一大到十五大》（开天辟地）；还可以选择播放影像《风雨独秀》，进而围绕中共党史上的陈独秀历史评价问题，培养基层党团员和群众依据确凿的史实体察时代的环境，掌握人物思想发展的阶段性的能力。

第三部分，正确反映新民主主义革命时期历史情况的影视资料。主要内容包括：文献纪录片《李大钊》《毛泽东》《中国工农红军》《抗战》《解放战争》《纪念北平和平解放 60 周年》；电影《建党伟业》《八路军》《我的长征》《抗战》《日出东方》《东京审判》《太行山上》《红河谷》《血战台儿庄》《平原游击队》《洪湖赤卫队》《铁道游击队》《劳工之爱情》《白毛女》《青春之歌》《西安事变》《大决战》《建国大业》；电视剧《恰同学少年》《走向共和》；专题图片展《彝海结盟》《南京大屠杀》《抗日烽火》；歌曲《抗敌歌》《救国军歌》《救亡进行曲》《新编"九·一八"小调》《五月的鲜花》《松花江上》《长城谣》《在太行山上》《到敌人后方去》《跟着共产党走》《没有共产党就没有新中国》；合唱《东方红》《朱德将军》《抗日军政大学校歌》《八路军军歌》《新四军军歌》《炮兵进行曲》《我们的铁骑兵》《露营之歌》《行军小唱》《反扫荡》《进军曲》等。在具体的工作中，可以结合五四运动组织基层党团员和群众观看影片《我的1919》；结合"中国革命的历史性转折"观看影片《长征》；结合"中华民族的抗日战争"组织观看《731 部队》，揭露当年日本法西斯所犯下的反人类罪行，以铭记历史，开拓未来；结合人民解放战争，组织观看

《沂蒙六姐妹》。在回顾"中华人民共和国成立"时，可以欣赏电影《建国大业》，以其恢弘鲜活的历史场景生动再现 1945—1949 年从抗战胜利到中华人民共和国成立的进程；这一段在中国现代史上背景最为复杂，也最直观地反映了怎样看待"第三条道路"的幻灭问题。

第四部分，反映中国社会主义制度的确立与社会主义建设道路的探索时期的历史情况的影视资料。主要内容包括：文献片《国庆纪事》《周恩来外交风云》《走进西藏》《横空出世》《复兴之路》《新中国外交》《林彪与"四人帮"》；影片《开国大典》《冰山上的来客》《周恩来》《情归周恩来》《李双双》《五朵金花》《我们村里的年轻人》《霸王别姬》《沙家浜》《火红的年代》《庐山恋》《东方神舟》。

第五部分，正确反映改革开放与社会主义现代化建设时期历史情况的影视资料。主要内容包括：文献片《邓小平》《西藏今昔》《天下第一村——华西》；影片《高考1977》；专题图片展《辉煌成就——改革开放30年》。在具体的工作中，可以结合"中华人民共和国成立以后的历史进程和历史性成就"宣讲播放中华人民共和国7次国庆节阅兵：开国大典阅兵（1949年10月1日）、中华人民共和国成立5周年庆典阅兵（1954年10月1日）、中华人民共和国成立10周年庆典阅兵（1959年10月1日）、中华人民共和国成立35周年庆典阅兵（1984年10月1日）、中华人民共和国成立50周年庆典阅兵（1999年10月1日）、中华人民共和国成立60周年庆典阅兵（2009年10月1日）、中华人民共和国成立70周年庆典阅兵（2019年10月1日），既可以展示中国的国力和军威，又可以展现中华人民共和国成立后尤其是改革开放后中国经济和军事实力的迅猛发展，使党团员和群众受到极大的鼓舞和震撼。

第六部分，其他综合大型纪录片、照片集和经典歌曲库。主要内容包括：纪录片《中国近代风云人物》15集、《大国崛起》12集、《中国神火》12集、《复兴之路》6集；雅俗共赏的"图说历史"类读物——旷晨编著的《我们的1950年代》《我们的1960年代》《我们的1970年代》《我们的1980年代》（中国友谊出版公司，2006），许善斌的《证照中国》（新华出版社，2009）等。上述作品紧密贴合历史阶段，既充分尊重了事实，又富有阅读趣味，可使党团员和群众避免阅读理论著作时容易出现的厌倦情绪，从照片中寻找一些特定时代的历史风貌，给自己带来一些感观的愉悦，就会对影像欣赏产生积极的认同感。经典歌曲库是把1840年以来反映社会变迁的民谣民歌，各个时期代表性的歌曲、电影插曲集合等。

使用影视教育手段开展党史国史教育，还要注意融会贯通，多角度分析揭示所要阐述的原理。例如，在播放专题影像《孙中山》时，紧密结合辛亥革命的史实，先是追溯18世纪英国工业革命和法国大革命所分别代表的"双轮革命观"（一指生产力的变革，一指推翻旧阶级的暴力革命），接着回顾中国古代文化典籍中的"汤武革命，顺乎天而应乎人"的原初含义，再分析这一概念在晚清民初自日本移植到中国的过程，集中阐释"革命"观念在20世纪中国的发展流变，从而展示"革命"话语的起源、成长、变异、式微的历史动态过程。由此，学生对"革命"的理解也就会比较准确、全面，如"资产阶级民主革命""新民主主义革命""改革也是一场革命"等不同时期的相关概念。

（二）征文比赛

通过根据一些重要纪念日组织征文比赛等实践活动，让党团员和群众就某一方面问题展开深入的学习、探讨和研究，加深对这一问题的了解、认识，体会当时的历史背景、把握相关历史人物的思想和追求，从而激发党团员和群众的爱国热情，激励党团员和群众树立远大理想，增强党团员和群众对马克思主义、中国共产党和社会主义制度的认同感。同时，通过征文活动，锻炼党团员和群众的书面表达能力，提高党团员和群众的研究能力，全面提高党团员和群众素质，培养一批爱国、务实、具有远大理想的党团员和群众。

征文比赛活动围绕党团组织给定的主题，采取自拟题目的方式参与，征文体裁可以是散文、故事、研究性论文、议论文、报告等。征文内容可以写人物、事件、历史背景、成就、经验教训、原因、启示、措施、感受等。

征文比赛可以针对给定主题范围内的某一问题进行论证、阐述，要求论证充分、有理有据、感情真挚、给人以启发，或能找到以前别人没有发现的材料或论据，或者能够给人以强烈的情感震撼，加强撰写者对历史的追问，对现实的思考，增强撰写者的历史责任感。

（三）红色文化说唱会

红色文化是指自中国共产党成立以来，在长期的革命战争年代形成的一系列的革命文献与文物、革命歌曲、革命战争遗址与纪念地、革命根据地、革命领袖人物故居，以及凝结在其中的革命精神、革命传统和文化氛围等。

红色文化本身就是一种优秀的、传统的、民族的文化。它承载了中国共产党波澜壮阔的革命史、艰苦卓绝的斗争史、可歌可泣的英雄史以及不懈追求的奋斗史，体现了中华民族的精神品质和党的优良传统作风，是建设和发展中国特色社会主义的强大精神支柱。

举办"红色文化"说唱会，可以热情讴歌中国共产党领导中国革命和建设取得的伟大成就，展现时代风貌；在开放的、友好的、情感式、体验式的艺术情境中，在情理交融的氛围中，增进党团员和群众对于"三个选择"的认同，并通过交流合作和舞台展示，增强参与者的自信和表达表演能力，增进党团员和群众相互之间友谊和集体凝聚力。

具体活动可以采取多样化形式。唱红歌、朗诵红色诗词，分享红色旅游的照片、见闻，讲述革命战争时期的故事和轶事，讲述最喜爱的红色影视剧的精彩片段，表演话剧小品等。鼓励原创的以红色文化为背景的作品，可以适当增加伴舞等。演出服装、演唱或朗诵 CD 伴奏、小品道具等相关材料由参赛选手自行准备或制作。表演内容必须是传承经典的红色作品，主要包括五四运动以来中国各历史时期的革命歌曲，社会主义建设时期和改革开放以来的新民歌等各类健康进步、励志向上的歌曲，战争革命、改革开放题材的诗词、散文、故事、影视剧观感、红色旅游见闻讲述等。

第四章　结合课程思政建设"行走课堂"

第一节　导入案例

　　课程思政指以构建全员、全程、全课程育人格局的形式将各类课程与思想政治理论课同向同行，形成协同效应，把立德树人作为教育的根本任务的一种综合教育理念。开展课程思政建设"行走课堂"可以把专业知识运用与思想政治素质提高有机结合。也可以实现更多教师参与思政工作的目标。下面我们从一篇学生专业课作业调查报告入手，结合课程思政建设"行走课堂"的重要性。

关于利用农村青年中心推动农民科普工作的调查报告[①]

　　农村基层的科学普及是一项长期的工作，随着经济的发展，科学普及的内容也在不断变化。根据变化不断开发新的科学普及项目、探索新的农村科学普及之路是使科普真正落到实处的关键。为此，我们在 2005 年暑假期间，结合参与本校老师科研课题的调研工作和北京农学院大学生暑假社会实践活动总体安排，开展了有针对性的实践活动。我们选择了农村青年中心这一新兴的农村青年组织为调查对象，在北京、辽宁沈阳、抚顺等地进行了实地调查。经过调查，我们发现，利用农村青年中心推动农民科普工作是新时期科普工作的新途径。在此，将调研成果汇报如下。

　　随着我国经济结构战略性调整，农村改革和城镇化进程的深入，我国农村经济社会的深刻变化给农村青年的思想观念、行为方式和群体结构带来巨大影响，对农村青年工作和青年组织建设提出新的课题。面对新形势

---

　　① 此调查报告是北京农学院学生结合课程开展暑假社会实践活动调查成果，在北京市 2005 年大学生暑期社会实践科普调研报告征文比赛中获得二等奖，社会实践团队获得北京市 2005 年大学生暑期社会实践优秀团队。

和新任务，共青团的十五大提出了建设城乡青年中心的战略举措。这是在社会主义市场经济条件下不断开创农村青年工作新局面的必然要求，是健全完善青年组织体系、加强共青团服务能力建设的一项基础工程，对于服务"三农"工作大局，服务农村青年增收成才，不断巩固和扩大党长期执政的农村青年群众基础，具有十分重要的意义。2003年以来，全国450多个县（市）陆续开展农村青年中心建设试点工作，230个单位参加全国青年中心建设先进县（市）创建活动，全国已成立农村青年中心1500多个，初步运转良好，正在成为充满生机活力的农村基层新型青年组织。通过北京市密云区太师屯青年中心、沈阳市新城子区（2006年更名为沈北新区）新城子乡青年中心、辽宁省抚顺县毛公村等青年中心调查，我们发现青年中心正成为农村科普工作的新阵地。

一、农村青年中心成为当地农民科普的新阵地

北京市密云区太师屯青年中心成立以来，已经吸纳个人会员3000余人，划分为农村经济、企业经济、个体经济、文体教育、科技卫生、公共事业等界别组。同时由30名以上个人会员或两个以上团体会员联合推荐，按照农村青年创业致富带头人、驻镇各行业的优秀青年、专兼职团干部等各界代表的比例，通过公开选举的方式，建立了青年中心理事会机构，下设秘书处负责日常工作。理事会制度的建立逐渐体现出优越性，举办活动的针对性明显增强，自主管理后，青年的参与热情明显提高。太师屯青年中心还先后出台了《太师屯青年中心章程》《青年中心理事轮值制度》等规章制度，规范了青年中心的日常管理。青年中心还结合会员的特长和需求登记造册，依靠会员联系卡，对会员进行动态、跟踪管理。

调查中发现，太师屯青年中心建设与当地经济发展实际相统一，与青年实际需求相统一。奶牛、肉羊、柴蛋鸡和水产养殖是太师屯镇的主导农业产业，全镇从事种养殖业的农户中有近一半是40岁以下的青年人，为了推进全镇的主导产业发展，满足青年农民对技术、信息的强烈需求，太师屯青年中心将"周末公益课堂"引入服务项目中，及时了解县、镇相关农业政策，调查青年农民的需求信息，利用中心的远程教育，开展技术和政策信息培训。一年来，已开展相关农业培训6次，累计培训200余人次。由于公益课堂贴近农户实际需求，公益课堂深受青年农民欢迎。该中心还调动内部资源，组织镇科技志愿者服务队深入基地开展实地指导，扩大了中心的影响力和吸引力。在此基础上，每月两次以上的各类实用技术远程教育和讲座培训每次都吸引了 200 多名参与者。

沈阳市新城子区（2006 年新城子区与辉山农业高新区合署办室，组建沈北新区）新城子乡青年中心成立于 2003 年 8 月 15 日，位于沈阳市新城子区新城子乡六王村。该中心以联系青年、引导青年、服务青年为宗旨，不仅是沈阳团市委直接指导建设的第一家市级试点，更是辽宁省第一家农村青年中心。团中央、团省委领导多次来此调研，并现场指导工作。

新城子乡青年中心依托"全国十大杰出青年农民"、沈阳市淡水鱼养殖协会会长吴琼同志经营的玉兰渔场建立而成，建筑面积为 1400 平方米，设有培训室、图书室、网络室、会议室、活动室等机构和场所。

吴琼是沈阳大学毕业后回农村创业的典型，是沈阳市淡水鱼产业青年志愿者服务队队长。他倡导成立的东北三省第一家淡水养殖协会有会员近 200 人，遍及东北三省。建设青年中心，进一步加深他同团组织的联系和感情，更能够进一步扩大养殖协会的规模，从而实现双赢。几年来，利用两者结合的形式为农民进行电话及现场技术服务达万余人次。

沈阳市农村青年中心的主打项目是各类农业产业项目。新城子乡青年中心以淡水鱼养殖、花卉等当地特色农业项目为主打，兼顾农村青年劳动力就业转移、维权等服务项目。目前，共举办淡水鱼养殖、农作物种植、计算机基础知识、政策法规等各类培训 30 余次，接受培训人员达 1000 余人；为外出务工青年提供岗位开发、技能培训、跟踪服务和权益维护一条龙式服务，开发就业岗位 200 余个，提供政策法律咨询 50 余人次。

同时，为充分整合青年人才资源，中心还与沈阳农业大学团委联系，邀请沈阳农业大学的青年志愿者与当地青年结成"一对一"的服务"对子"，帮助农村青年在网上查询致富信息、开发农产品市场，并到田间地头指导农民科学种田，传授农作物种养殖新技术，通过这种双赢互动的方式，既让农村青年学到了新的农业技术，又解决了农业专业的大学生实习难的问题。

辽宁省抚顺县毛公村青年中心通过聘请顾问、专家，建立科技图书站，举办科技培训班等方式发挥青年中心推动现代农业发展、培训农业技术人才的作用。毛公村青年中心紧密依托当地资源、龙头企业、专业市场、专业协会等农业产业化链条组织，广泛建立产业基地、科技培训基地、项目示范基地，以培养青年星火带头人骨干和农村经纪人为重点，有组织、有计划地对农村青年进行培训，大力选拔各类青年致富带头人典型。该中心已培训青年 1200 人，选拔青年星火带头人 26 名，挖掘培养农村经纪人 11 名。确定了"毛公板栗"深加工项目、"冷香玫瑰"加工提炼项目、1 万只肉鸡产业项目、绿色森林生态园、500 头奶牛饲养基地项目、三家子"四位一体"大棚绿色生态基地六大项目，用具体项目吸引青年、凝聚青年、服务青年。同时，通过适时组织农村青年参观学习、知识讲座、科技培训，使农村青年进一步解放思想，转变观念，大力倡导学科技、用科技的社会风尚。

二、农村青年中心成为进城务工农民的培训基地

随着我国市场经济的发展，外来务工人员规模总量逐年加大。进城务工人员职业教育和培训工作，是推动新阶段农村全面发展的迫切需要，是提高我国企业竞争力、加速工业化进程的重要举措，是统筹城乡协调发展、构建和谐社会的重要体现，是构建中国特色社会主义现代化教育体系、建设学习型社会的重要内容，同时也是科普工作面临的新问题。

辽宁省抚顺县毛公村青年中心通过提供掌握各方面的信息和利用互联网资源，开展科技市场项目等信息查询、资料收集等服务，为农村青年闯市场提供快捷可靠的信息。充分利用现代化高科技手段，采取外部采集、内部收集的方式，获得大量准确的科技、劳务、致富项目等方面信息，及时传递给农村青年。一是创办青年就业服务中心，提供劳务输出的服务平台。二是完善劳务输出工作网络体系，扩大输出渠道。三是广泛联系用人单位，拓展劳务输出渠道。按照"五个一"标准，即建立一套外出青年档案，落实一个专职负责人，设立一处办公场所，收集一份外出青年通讯录，开设一门外出青年服务热线电话。依托网络优势，向外地输送务工人员已达 600 多人。

北京市统计局 2005 年 6 月 4 日发布报告称，截至 2004 年年底，北京市共有农民工 286.5 万人。要保障北京市的可持续发展、建设宜居型城市就需要建设小城镇，并且在小城镇合理规划基础上有选择的发展工业。在发展北京郊区工业、尤其在发展远郊区县工业的过程中，需要大量的劳动力，而这些劳动力，外来农民工的比重很大。以密云区太师屯镇为例，该镇是 1998 确立的国家级小城镇建设试点镇，在该镇工业企业就业的近 5000 名员工中，外来务工人员已经达到了 70%。由于在小城镇工业规划中，对进入该区域企业行业进行了限定，因此，在小城镇工业企业就业的外来务工人员，具有居住相对集中，从事岗位接近等特点，这就为集中进

行科学普及活动提供了可能。

密云区太师屯镇青年中心在建立外来青年联谊会的基础上，把指导和帮助青年从第一产业向第二、第三产业转移作为新的服务项目。中道制衣有限公司在年初申请成为该中心的团体会员，并为中心提供了 30 个就业岗位。青年中心在此基础上积极整合资源，借助服装厂的场地进行技能培训。经过几个月的时间，该青年中心已经对 400 名青年开展了职业技能培训，27 名青年通过考核正式上岗。

三、活动的多样性是青年中心科普的新特色

用正确的思想路线引导人，用法律观念武装头脑，树立科学的世界观是科普的重要任务，也是科普活动中难度最大的一项工作。青年中心与共青团工作的有机结合，使解决这一难题成为可能。

外来务工人员在异乡工作，很容易产生思乡的心理，帮助他们克服这一心理就会使外来务工人员接受科普教育成为可能。调查中发现，太师屯青年中心结合金湖工业园区外来务工青年集中的特点，把服务外来青年作为建设的亮点，组建了外来青年联谊会，吸纳各个企业的外来务工青年加入联谊会，通过开展文体活动、技能竞赛、青年维权等方面的服务，凝聚和吸引外来青年，使青年通过联谊会重新找到归属感。"五一""十一"等节假日，青年中心开展了外来务工青年大联欢、"我为密云做贡献"座谈等活动，邀请企业负责人共同参与，不仅为青年提供了展示才华的机会，也融洽了管理者与务工青年之间的关系。目前，服务外来青年已经成为大师屯青年中心的建设亮点。以镇文化广场为依托形成了青年中心主体部分，建筑面积 1300 平方米、能容纳 800 人、具备远程教育设备的农村青年现代化素质培训中心，设有青年文化剧场、电脑培训教室、图书室、阅览室、台球室、乒乓球室、篮球场；依托占地 140 亩的健身公园建立的青年健身中心，内有游泳池、沙滩排球、网球场、足球场等活动场地；依托"承兴密三县抗日联合政府遗址庄园"建立的青少年德育教育基地。2004年 6 月，太师屯青年中心首次引进了民营企业"星海"网吧。在充分了解网吧的经营状况后，青年中心积极与网吧负责人协调沟通，确立了引导青年文明利用网络资源的工作方向，将"星海"网吧设立为太师屯青年中心网络教育定点基地，并达成四项协议：一是青年中心进一步完善网络教育基地的各项制度，并监督制度执行情况；二是在网络教育基地定期开展网络培训工作；三是青年中心会员凭会员卡在网吧上网学习，可享受 5 折优惠；四是中心会员有监督网吧文明健康经营和对外宣传的权利和义务。开辟新的阵地后，农村青年通过网络学习知识、认识社会的需求得到了及时满足，青年中心进一步深入到青年心中。

沈阳市新城子区新城子乡青年中心因地制宜建设维权服务站、联谊会等特色项目。根据新城子区的地域特点和会员青年的需要，青年中心还举办了篮球赛、乒乓球赛、青年读书会、卡拉 OK 大家唱等带有普及性的农村青年文化活动。尤其是针对新城子区作为锡伯族发源地，锡伯族青年比较集中的特点，青年中心还成立了锡伯族青年联谊会，多次举办秧歌节、二人转会演等带有浓郁乡土气息的农村文化活动。在丰富多彩的活动中，农村青年们不仅陶冶了情操，更密切了同团组织的联系。

辽宁省抚顺县毛公村青年中心通过青年中心的宣传阵地，贯彻有关权益保护的法律、法规，做好法制教育工作，为农村青年的成长和发展提供有效的法律服务、心理咨询服务。建立健全了组织机构。由司法和公安人员担任青年中心法律顾问。紧紧围绕宪法、民法、刑法等有关法律、法规开展知识讲座，普法宣传，模拟法庭等活动 12 次。设立维权监督、举报公开电话。采取多种教育形式，使农村青年进一步知法、懂法，增强自我保护意识，维护合法权益，走依法致富的道路。同时，通过青年中心的活动场地和图书馆来巩固青年的文化阵地，为广大农村青年营造健康向上的文化氛围，提高农村青年文化素质。青年中心建立了标准化的室内外演出舞台，充分利用这一有利时机，广泛开展科技、文化等各类擂台赛、文艺演出等喜闻乐见的群众性农村青年科技文化活动。

四、农村青年中心开展科普活动中存在的问题与对策分析

尽管当前农村青年中心发展势头很猛，也取得了很大的成就，但是由于现阶段农村工作的特点和转轨时期市场经济的大背景，导致农村青年中心与科普推广活动相结合的过程中不可避免地存在一些问题。

第一，青年的科技意识还有待提高。大多数青年虽然希望通过掌握科技知识脱贫致富，但由于对新项目、新技术持有怀疑态度，错过了引进、实验、普及的最佳时机；有的想致富，却不找门路，存在"等、靠、要"思想；有的市场意识淡薄，小富即安，缺乏竞争意识、风险意识、产业意识。

第二，政策落实得不够好。不论是项目试验推广，还是兴办龙头企业，仅靠团组织自身的力量是很难搞好的，必须争得各级党政组织的领导

重视和支持，为农村青年开展科技活动创造良好政策条件。各级党政组织对农村青年开展科技活动是十分重视的，相继出台了一些扶持政策，但有的地方政策力度不够大，还有的政策落实不到位，在一定程度上影响了活动的深入开展。

针对上述不足，应该在未来的青年中心工作中做好以下几项工作。

首先，与各级科协积极配合，开展相关的科普活动。2004年6月至12月，共青团北京市委在全市郊区青年中开展了"北京郊区青年现代化素质大讨论"活动。期间菜青团北京市委的调查显示，93%的郊区青年表示出了对知识更新和掌握实用技能的渴望，89%的郊区青年表示目前完全或基本凭借传统经验进行生产劳动，对技术密集型农业生产方式、质量效益安全性农业生产目标缺乏清晰的理性认识，74%的郊区青年希望通过学习改变现状，参加法律、科学知识等再培训的愿望强烈。应充分利用北京大专院校、科研院所集中的优势，与各级科协积极配合联合开展科普活动。

其次，充分利用青年中心，在加强农村团的基层组织建设的同时全面深化农村青年科技活动。一是不断壮大青年科技能人队伍；二是抓好先进科技示范项目推广；三是抓好科技项目试验示范推广基地建设。

最后，积极做好农村青年劳动力转移工作。一是加强宣传教育。引导农村青年更新观念，认识到转移出来才是致富奔小康的出路，激发农村青年闯市场、干事业的热情，自觉投入到劳动力转移中来。二是搞好技能培训。充分利用青年中心这一载体，有针对性地开展各种专项培训，提高农村青年适应劳动力转移的基本能力。三是拓宽就业渠道。

农村青年中心作为充满生机活力的农村基层新型青年组织，正在农村经济发展过程中，发挥着包括科普作用在内的各项作用。随着时代的发展，农村青年中心必将为农村科普工作做出更大的贡献。

第二节　"行走课堂"涉及的研究性学习与非定量研究方法

近年来，北京市高度重视大学生思政类社会实践活动，在传统大学生暑假社会实践活动基础上，北京市为贯彻落实中央关于加强和改进高校思想政治理论课工作会议、全国加强和改进大学生思想政治教育工作座谈会和北京市《关于进一步加强北京高校思想政治理论课教师队伍建设的实施意见》（京教工〔2009〕4号）精神，充分发挥社会实践在思想政治理论课教学中的作用，引导学生在实践中深化理论认识，不断完善思想政治理论课实践教学机制，北京市委教育工委员会将继续组织开展高校思想政治理论课学生社会实践优秀论文评选活动。并于2013年2月出版了《2011—2012年度北京高校思想政治理论课学生社会实践优秀论文集》，该论文集分（一）、（二）两个分册，涵盖了2011年度和2012年度每年的最高两个奖级的获奖论文，共计31篇。根据对该书论文的统计分析，发现使用问卷调查的论文29篇（表4-1至表4-4），以访谈为调研形式的论文2篇。

《2011—2012年度北京高校思想政治理论课学生社会实践优秀论文集》入选作品情况①见表4-1至表4-4。

表4-1　论文集（一）一等奖入选作品情况

学　校	论文题目	作　者	指导教师	调研方法
中国人民大学	"村企结对"建设社会主义新农村调研	徐榕、李欣怡、范冰妍	赵勇	问卷
北京科技大学	大学生"三下乡"的实际效果和完善	段江菲、李佩林、钟家梁、杨丽等	左鹏	问卷
中国传媒大学	平凡中的辉煌——听老党员讲党的故事	邓丽霞、齐光川、温凯强、冯钰捷、霍佳兰、李雅彤、房方、麦尔哈巴、杨晨	毛明华、齐金贵	访谈
北京航空航天大学	大都市郊区新农村建设情况调研报告——基于"红色1+1"怪村实践队的调查分析	陈鹏、张腾、李增辉	曹庆萍	问卷
北京工商大学	北京市民自行车绿色出行状况及意愿调查	刘洋、邸思婕、郝添阳、刘思博、张鹤冀	王鲁娜	问卷
北京城市学院	北京文化创意产业职业岗位调查——以文化经纪人为例	陈文静、董俞含、张芋予、郭玉爽、李茜、李颖、许硕、朱翀、张晋梅、史晓晗、田雪莲、刘辰	陈怡、赵亮	问卷

① 资料来源：中共北京市委教育工作委员会组编《2011—2012年度北京高校思想政治理论课学生社会实践优秀论文集》，北京交通大学出版社，2013年2月第一版。

表4-2 论文集（一）二等奖入选作品情况

学 校	论文题目	作 者	指导教师	调研方法
北京师范大学	特色产业培育在统筹城乡发展中的作用——以宜宾市翠屏区赵场街道为例	兰岭、张伟、张艳、迟超智	熊晓琳	问卷
中国农业大学	农村社会管理创新与社会治理模式研究	陈杨、陈业芳、张基兰、陆余恬、李高远、郑好文、田敬文、孔涛	李明、陈东琼、赵少华	问卷
北京邮电大学	大学生志愿服务状况调查报告	郑青青、熊一霖、付莹	方明东	问卷
北京理工大学	中国人幸福吗？——我国部分地区人民生活幸福指数调查	王超、王倚天、王子巍、周晓航、龚阳玉洁、李永善	陈宗海	问卷
中央民族大学	东方的觉醒：孙中山的民族观与当代青年的民族意识	唐元超、黄芐、丁鑫、苏欣、吴新宇、塔娜、钟玉芳	孟凡东	问卷
北京工商大学	北京地区农村信息化水平的现状、问题及对策	潘景林、白浩、何珺、康晓彤、吕鹜、曲丹阳、睢素萍、田钰、尹灵勇、谢照明	陈凤芝	问卷
北京印刷学院	探究深圳南岭村集体经济模式的利弊	胡建霞、张丹、吴静、杜雅琳	赵欣	问卷
首都经济贸易大学	欠发达村庄农民政治参与影响因素研究——沂南县农民政治参与调查报告	杨倩	梁玉秋	问卷
北京青年政治学院	促进城乡一体化 推动公共服务"均等化"——对延庆社区老人和留守妇女幸福感调查分析	赵岩、王茜、李虹瑾、钱泓埔	周颖	问卷
中国人民公安大学	当前新农村建设的现状及存在问题的调查与分析——以江苏、山东、湖南部分农村为例	吴振惠、王璞、杨程	李艳	问卷

表4-3 论文集（二）特等奖入选作品情况

学 校	论文题目	作 者	指导教师	调研方法
清华大学	关于"博物馆作为公共文化设施丰富人们精神生活效果"调查	姜太峰、李津旸、田睿奇、开明轩、史小婧	陈明凡	问卷

（续表）

学　校	论文题目	作　者	指导教师	调研方法
北京师范大学	关于群众对于高雅艺术获取渠道满意度的调查报告——以吉林省长春市、吉林市为例	胡文潇、马鑫	熊晓琳、李海春	问卷
中国传媒大学	北京地铁一号线满意度调查	祈俊杰、常贵连、姚玲玲、王玉林、邓炜程、唐宇、熊利郎、王博	马成瑶	问卷
北京理工大学	当代公民思想政治道德发展状况及其影响因素研究	文思思、武昉、张悦、李琦来、袁亚敏、李书华	张毅翔	问卷
北京农学院	农业保险"不保险"的因素探究——以四川省广元市三镇为例	韩雪、刘璐、张梦茹、王云、赵书晴、凌晨	范小强、孙亚利、苟天来、王建利	问卷
北京青年政治学院	推动文体设施大发展，让人民生活更幸福——北京市延庆县城乡文体设施建设、使用和管理现状调研报告	杨春杰、曹伟行、王帅男、贾昌昌、孙文韬	薛薇	问卷

表 4-4　论文集（二）一等奖入选作品情况

学　校	论文题目	作　者	指导教师	调研方法
清华大学	内蒙古马铃薯滞销情况与处理方式——基于包头市固阳县的调查	王中旭、杨可、何昊天、耿雪松、于姝婷、苏云鹏、史伯通	孔祥云	访谈
北京师范大学	红色旅游景区游客满意度调查研究——以山东省枣庄市为例	赵丹、叶智方、李冰、梁爽	熊晓琳	问卷
中国传媒大学	当代大学生社会主义主流价值观认同度调查报告	蔡方伟、潘岳、于文韬、林梦远、王思慧、潜冬、周家星	马成瑶	问卷
北京理工大学	北京市廉租房建设调查报告	骆胤成、唐灵通、刘纯玮	张峰	问卷
北京工商大学	北京郊区农村文化站建设及利用现状调研	高航、高丝雨、李金玉、聂珊、孙然、赵宏亮、张申硕、周凯文	王鲁娜	问卷

（续表）

学　校	论文题目	作　者	指导教师	调研方法
北京工业大学	最熟悉的"陌生人"——北京市部分小区居民食品添加剂认知情况调查报告	刘鹏飞、赵煜、崔益泽、孙健、付天翔	姜海珊	问卷
首都经济贸易大学	农村留守儿童德育问题研究——以河南省必阳县羊册镇为例	赵帅、石巍	李丽娜	问卷
北京农学院	期满大学生"村官"的去向调研报告——基于北京市延庆县康庄镇的调查分析	张晓蒙、苏凌霄、司蕊、苑新顿、金晓婉、梁夫荣、赵玥、黄紫藤、刘国琪	刘海燕、党登峰、孙亚利	问卷
中国人民公安大学	我国养老院现状的调查与分析——以北京、浙江、内蒙古等地区为例	李彦璇、徐汇川、刘文宇、于子惟	李艳、王芳	问卷

　　分析上述数据不难发现，以问卷为载体的大学生思政类社会实践活动在论文获奖比例中占 90% 以上，而以访谈为调研形式的两篇论文分别来自中国传媒大学、清华大学，一所是以培养新闻传播人才为主、学生熟悉访谈方法与技巧的高校，一所是国内顶级高校。因此，对于绝大多数高校在开展大学生思政类社会实践活动，应当把课程思政与思政课实践有机集合，以研究性学习为导向，使用多种研究方法实现学生思想政治素质和专业素质全面提高的目标。

一、研究性学习教学方法与课程思政"行走课堂"建设

（一）研究性学习教学方法的基本问题

1. 研究性学习教学方法与课程思政活动中实施研究性学习的意义

　　研究性学习教学方法是教师指在教学中引导学生以"研究模式"参与教学活动，通过教师引导学生独立的思考来获取知识、提高能力。在课程思政活动中开展研究性学习的意义主要体现在如下几方面：首先，在课程思政活动中开展研究性学习教学是教育创新的主要表现。人类的创新是以研究、探索活动为基础的；开展研究性学习，可以有助于培养学生的探索精神和创造、创新意识。其次，在课程思政活动中开展研究性学习教学，有利于实现学生更多参与课堂目标，践行"以学生为本"理念。最后，在课程思政活动中开展研究性学习教学使教与学融为一体，在提高教学实效

性的同时，促进教学相长。在培养学生探究精神和主动学习欲望的同时，有效地拓展课堂教学容量，调动学生学习的主动性，有利于提高课程思政活动的实效性。

2. 开展课程思政研究性学习工作的原则

首先，过程与结果并重原则。教师在开展研究性学习教学时，不仅要提供基本史实材料和史论观点，而且要提出需要探究的问题，提供掌握材料、解决问题的方法。指导学生学会收集史料、分析材料，在研究问题的过程中掌握历史研究方法，提高培养研究能力与创新意识。其次，自主研究原则。教师在开展研究性学习教学时，应积极引导学生掌握知识，提出问题、发表见解。再次，实践性原则。教师在开展研究性学习教学时，应积极引导学生开展实践活动，通过开展丰富多彩的社会实践活动，了解国史、国情，深化对"三个选择"的理解，在实践环节中积极思考，领悟理论知识的真谛。最后，差异性原则。教师在开展研究性学习教学时，应充分考虑学生个体差异性，为学生创造更为广阔的学习提升的空间，促进学生实现个性化、差异化的成长。

3. 研究性学习教学的特点

研究性学习教学的特点主要体现在如下几方面：首先，开放性和过程性。研究性学习教学最大的创新是扬弃了传统教学中教师讲学生听的授课方式，通过构建教师引导学生开展研究、探讨活动把相对封闭的课堂变成相对开放的课堂，同时，研究性学习成功地实现课程向课外延伸，教学评分中学生研究、探讨过程中的表现收获所占的比重大幅度增加，真正实现由单纯评价结果向关注过程重关注结果转变。其次，普遍主体性和交互性。通过构建教师引导学生开展研究、探讨活动，在具体的教学环节中，教师主要担任组织者、参与者和引导者的角色，以传授研究工作所需方法的方式指导学生开展具体工作，通过双向互动学生也成为学习研究的主体。这样师生都成为教学主体，也就实现近现代史教育创新实践工作中一直追求的普遍主体参与创新活动的目标。最后，探索性。在研究性学习教学过程中，教师通过提出问题，帮助学生培养问题意识，学生根据自己设计的研究方案提出研究方法的需求，教师通过提供研究方法引导学生开展研究活动；学生通过研究性活动得出正确的结论。这一过程完全替代了教师讲理论、讲结论的模式，学生对理论的理解会更深刻。

4. 研究性学习教学的类型

研究性学习教学一般包括如下几种类型。第一种类型，问题研讨式研究性学习。问题研讨式研究性学习就是以问题为中心来展开研究性学习教学活动。这种类型学习方式要求学生在自学研究的基础上，大胆质疑，提出问题；然后在教师的指导下，独立思考和分析问题，通过学生自己亲身研究解决问题。第二种类型，课题研究式研究性学习。课题研究式研究性学习就是引入课题研究方法进入具体教学内容，具体环节包括学生自主学习、研究、写作、讲课或答辩等。第三种类型，多元综合探索式研究性学习。多元综合探索式研究性学习就是把不同的研究方法和教学策略进行整合，设计类似科学研究的情境，引导学生自主地探究、实践，求得结果。

（二）课程思政研究性学习目标具体化的基本程序

组织研究性学习教学差异很大。研究性学习教学的步骤一般包括，提出问题组建学习小组、以小组为单位开展研究、获得研究成果并汇报、总结点评四部分。在上述四个部分中，确定研究性学习目标，尤其是实现研究性学习目标具体化是最重要的工作。一方面，目标具体化是研究目标扩展；另一方面，只有完成目标具体化，才能开展后续的研究工作。完成这项承上启下的决策工作，是做好研究性学习教学的关键。

风险的存在是客观的，也是必然的。确定研究性学习目标的决策过程属风险型决策，研究性学习目标具体化过程，就是要适时抓住最有利的时机，尽可能地避免风险，做出正确的选择与抉择。一般来说，实现研究性学习目标具体化的过程包括摆明问题确定目标、确定具体的研究性学习目标两阶段工作。

1. 第一阶段，摆明问题确定目标

研究性学习过程的实质就是解决问题的过程。摆明研究性学习过程需要决策的问题是什么，确定研究性学习所要达到的目标，是研究性学习需要决策的第一步。

确定目标是科研决策前提，而研究性学习目标是根据要解决的问题来定的。如果把需要解决问题的关键所在及其产生的原因等弄清楚了，确定目标就有了依据，目标也就更容易确定了。要弄清问题不但要清楚什么是问题，还要对应有现象和实有现象加以明确。应有现象是指应达到的标准或按既定的目标应有的情况；实有现象是指实际所发生的或存在的情况。所谓摆明问题就是以应有现象为依据，积极、全面地收集实有情况，发现差距，并通过分析、研究、把问题确定下来，找出产生问题的原因，这样就能有针对性地采取措施加以解决。

摆明问题是整个过程的起点，也是进行正确决策的基础。摆明问题包括发现问题、确定问题、分析产生问题的原因三个主要方面。首先，发现问题，即找出问题在哪里；其次，确定问题，即明确什么问题是必须解决的；最后，分析问题，即为什么会产生这种问题，矛盾的焦点在哪里，分析原因并加以明确。

2. 第二阶段，确定具体的研究性学习目标

确定研究性学习目标是为实现一定目标而对若干个备选方案进行选择的过程。因此进行决策的前提是要有一定的目标。这一目标是在对社会环境、市场现状及自身条件的一般了解基础上提出的。所谓研究性学习目标，就是在一定环境条件下，在预测基础上要达到的程度和希望达到的结果。研究性学习目标可分为两种：一是必达目标——要求必须达到什么程度；二是期望目标——期望取得的成果。对于研究性学习目标的确定必须明确具体，否则方案的制定与选择就会感到无所适从。目标明确具体包括以下五个方面。

第一方面，研究性学习目标的表达。研究性学习目标必须是单一的，也就是只能有一种理解，绝对不能产生歧义。如果语言含混不清、模棱两可，不明白到底要做什么，决策就很难顺利进行。明确表达目标最有效的方法是研究性学习目标数量化。

第二方面，研究性学习目标的时间约束。没有具体完成期限的目标，就等于没有目标，因为它可能永远无法实现。因此研究性学习目标必须有明确的实现期限。在实际操作过程中，根据实际情况，目标的实现时间允许有一定的弹性，但有的研究内容也应严格一点，限期完成，有的可以给出一定的伸缩范围，或规定一个极限。在研究性学习实施过程中，也可以根据实际情况，对预先确定目标的实现期限进行修改。但无论对目标实现期限的规定，还是后来的修改，都要根据事实、需要和可能得出科学合理的结论。

第三方面，研究性学习目标的条件约束。确定目标时，必须明确达到有没有客观条件的限制和附加一定的主观要求。约束条件主要是各类资源条件，决策权限范围及时间限制等。研究性学习目标的产生、确定必须立足于现实的基础上，其研究性学习过程也要受到未来客观条件的制约。这些基础和客观条件就是研究性学习目标的约束。约束条件是衡量研究性学习目标实现与否的标准，这个标准包含在目标本身之中。约束条件越清

楚，研究性学习的有效性和目标的可能性也就越大。规定目标约束条件有以下三个切入点：首先是客观存在的，可利用的资源条件，包括研究性学习者拥有的、能够筹集到的人、财、物等；其次是国家以及地方的政策法规、制度等方面的限制和规范；最后是研究性学习者附加在决策目标上的主观要求，研究性学习者对目标最高要求不一定完全现实，但最低要求必须是目标的约束条件。

第四方面，研究性学习目标的数量化。研究性学习目标数量化可以达到什么程度有个衡量标准。如果实在无法数量化，也可以采用陈述方式尽可能把目标描述得具体、翔实、清楚。目标本身就有许多数量标准，如成本、利润等数量指标，可以是一个数量界限，规定出增减范围，或在某些条件下达到的极值，如成本最小值，利润最大值。对非数量值，也可以用一些方法和手段使之数量化。应当注意的是对数量指标的计算规范要做出统一规定。

第五方面，研究性学习目标的体系化。研究性学习的总目标必须由具体的目标体系来支撑，体系化就是把比较抽象的总目标分解成许多子目标。子目标也可以继续分解成更小的目标，从而构成目标体系。

目标体系的建构过程是研究性学习目标内容不断丰富的过程，也是表达不断明确和准确的过程。总目标是具体目标的终极目标，具体目标的实现是总目标实现的途径。

目标分解过程反映出目标体系的层次和相关性特征，目标体系的层次结构也称为"分层目标结构"，下一层目标往往是上层目标的手段，而上层目标则是下层目标的目的。而同层次目标之间彼此之间又互相联系、互相影响、互相制约。任何一个目标都可能影响到同层次目标的进行过程。

在建构目标体系的过程中，必须强调目标要落实，决策目标与具体目标要吻合，不能照搬或互相混淆，而是要处理好上下层次目标的关系，避免头重脚轻。

二、资料收集的方法

以资料、情报为代表的信息资源在进行研究工作中是不可或缺的。而信息资料收集不全就会导致错误。例如，人们曾经认为"天下乌鸦一般黑""所有的鸟都会飞"，可是，面对"白乌鸦"和"鸵鸟"，人们就只好否定上述结论了。

因此，能否很好地进行资料的收集对创造性的完成社会实践工作影响很大。信息的收集包括两个方面，即调查研究和信息处理，这两方面常用的技法也大不相同。

资料收集的方法很多，常用的方法主要有文摘卡片法、笔记收集法、文件归档法等。

（一）文摘卡片法

笔记本是收集、积累资料的有效工具。但是由于本子上的页码是固定的，作为资料利用时会有许多不便，所以，采用资料文摘卡片就成为一种比较有效的方法。

资料文摘卡片一般使用质地较好的硬质纸张做成便于携带的小纸片。利用这种卡片可以处理资料，或用于评价设想，决定顺序等。在使用过程中，使用者可自由地增减资料和设想。因此，使用资料文摘卡片收集资料、进行资料整理都十分方便。资料文摘卡片一般格式如下。

文　摘　卡

题　　目＿＿＿＿＿＿＿＿＿＿＿＿＿＿＿＿＿＿＿＿＿＿＿＿＿＿

作　　者＿＿＿＿＿＿　译　　者＿＿＿＿＿＿＿＿＿＿＿＿＿＿

书刊名称＿＿＿＿＿　卷＿＿＿期＿＿＿页＿＿＿年＿＿＿月

内容摘要＿＿＿＿＿＿＿＿＿＿＿＿＿＿＿＿＿＿＿＿＿＿＿＿＿

＿＿＿＿＿＿＿＿＿＿＿＿＿＿＿＿＿＿＿＿＿＿＿＿＿＿＿＿＿＿

＿＿＿＿＿＿＿＿＿＿＿＿＿＿＿＿＿＿＿＿＿＿＿＿＿＿＿＿＿＿

＿＿＿＿＿＿＿＿＿＿＿＿＿＿＿＿＿＿＿＿＿＿＿＿＿＿＿＿＿＿

资料文摘卡片不仅可以记载资料，也可以写思考者的设想。一般情况下，一张卡片上，只能填写一个设想或资料。用于记录设想的卡片的格式如下。

设　想　卡

设想题目＿＿＿＿＿＿＿＿＿＿＿＿＿＿＿＿＿＿＿＿＿＿＿＿＿

内容摘要＿＿＿＿＿＿＿＿＿＿＿＿＿＿＿＿＿＿＿＿＿＿＿＿＿

＿＿＿＿＿＿＿＿＿＿＿＿＿＿＿＿＿＿＿＿＿＿＿＿＿＿＿＿＿＿

＿＿＿＿＿＿＿＿＿＿＿＿＿＿＿＿＿＿＿＿＿＿＿＿＿＿＿＿＿＿

＿＿＿＿＿＿＿＿＿＿＿＿＿＿＿＿＿＿＿＿＿＿＿＿＿＿＿＿＿＿

使用资料文摘卡片，就是在查找资料时，把需要的资料随时记录在卡片上；在有突发的想法时，将设想记录在卡片上。因此，资料文摘卡片要随身携带。

资料文摘卡片的优点主要有以下几点：第一，可以使情报标准化。第二，可以使零散的情报集中起来。第三，便于对资料和设想进行整理、分类、归纳。第四，容易掌握情报之间彼此的关联。

（二）笔记收集法

笔记收集法就是以人们记笔记的习惯为基础。在集体范围内实现观点收集的创造技法。运用笔记收集法可以调动人们潜在的思维和洞察能力，引发出有价值的设想。

使用笔记收集法，首先确定参加人和领导人，参加人每人一本笔记。在这本笔记上对给定的课题，每天要把自己的意见和想法记上一次或数次。经过一定时间，领导人把笔记收集汇总。领导人要仔细归纳收上来的笔记，把摘录的要点和别的资料反馈给参加人，进一步提出新的问题。记在笔记本上的问题，没有任何限制。但最重要的是每人每天必须坚持写笔记，不可间断。同时，记录者在记录的同时，一定要对笔记进行有效的归纳和恰当的摘要。

使用笔记收集法，可以按照如下步骤进行：第一步，确定题目。第二步，确定领导人、参加人。第三步，将封面写有题目的笔记本分发给参加人。第四步，参加人将设想记在自己的笔记本上。第五步，一个月后领导人把笔记本收集起来，领导人阅读各人笔记，摘要汇总。第六步，参加人可以看任何一本摘录完的笔记。第七步，全体成员参加讨论，对获得的信息进行最后整理。

（三）文件归档法

一个组织团体的维护和发展需要文件，而这些文件应由该组织团体妥善地进行整理、保管，能够按照需要随时利用，直到文件作废为止，这样一系列的有关制度称为文件归档法。

文件归档的目的是合理、有效地使用文件内容。因此，进行文件归档时应当与业务活动紧密结合，实行以"便于利用""便于检索"为目的的文件归档工作。

首先，为了使文件档案"便于利用"，基本上要把经常使用文件按使用的类型整理成一部文件档案。只要取出这部文件档案，就可以了解这项业务的一贯内容。

其次，要考虑"便于检索"的问题，按照业务上的需要能够立即查到所需要的情报。这里最要紧的是不能把文件档案搞得很厚。为了容易检索，限制数量比在质量方面花费心思去搞多样化的检索方法，往往更有效果。这种直立式的归档，在一部文件档案内收进的文件应限制在二三十页至七八十页。

再次，按照上述原则做成文件档案，弄清它在开展业务中占有的位置以后，为了"便于利用"，把它同经常一起使用的文件档案组成一个文件档案群。由于每个文件档案都是与业务开展同时形成的，它在业务上的必要性十分清楚，并且可以依据它鉴别出业务情报的优劣。

最后，给组成的文件档案群编制目录索引，把单个的文件档案排在"便于检索"的地方。这种直立式归档法，基本上是由第一索引包括的2~5卷和第二索引包括的5~10卷文件档案所构成。

三、研究性学习教学中质的调查研究方法

与研究性学习密切相关的活动是调研活动，在调查研究型过程中，可以通过以典型调查取得量的信息为目的的方法，也可以通过质的研究方法，取得质的信息。

量的研究方法，一般采用调查对象较多、调查规模较大的调查法是典型调查。这种方法虽然能掌握现状，但却不能回答在数字背后隐藏着的"为什么"。同时，这类方法在不同专业的应用过程中差异也比较大。量的调查方法虽然能掌握现状，但却不能回答在数字背后隐藏着的"为什么"。质的研究方法主要依靠访谈式调研，由于需要与被访者沟通，一般情况下个别的访谈难度较大。因为在个别交谈时，人们会表现出紧张，思想不流畅等现象。与此相反，在集体的场合，由于集体思考会接连不断地产生想法，在互相影响之下能够得到各种各样的反应。因此，集体调查则相对比较容易操作。

质的研究方法主要依靠访谈式调研，由于需要与被访者沟通，一般情况下，个别的访谈难度较大。因为，在个别交谈时，人们会表现出紧张，思想不流畅等现象。与此相反，在集体的场合，由于集体思考会接连不断地产生想法，在互相影响之下能够得到各种各样的反应。因此，集体调查则相对比较容易操作。

（一）集体调查法

集体调查法是利用团体功能进行的一种调查方法。该方法一般选择调查对象 6~8 人，由接见人（也称会议主持人）把调查对象召集在一起，同时进行集体的调查。通过集体讨论使参加者们进行活跃的交流，大家一起互相商量、研究，进而确定哪种意见适合。使用集体调查法，要尽量使用大众化的对话方式，不能用命令式的。要使用自由对话形式进行调查，让参加调查人员进行自由交谈，主持人不能诱导被调查回答。这样，就尽可能地保证调研的客观性。

在实施集体调查法的过程中，一般按如下几个步骤进行。

第一步，进行总体分析。这一步主要完成如下几项工作：首先，整理问题，确定课题。其次，收集有关课题的资料，并深入挖掘。再次，提出设想或假说。

第二步，制订调查计划。这一步主要完成如下几项工作：首先，确定调查项目。其次，选择、确定合适的参加调查的对象。

第三步，确定工作计划。这一步主要完成如下几项工作：首先，制订工作计划表。其次，召集参加调查人员。再次，制订调查项目计划表。最后，确定调查负责人、助手、记录人员。

第四步，实行集体调查。这一步主要完成如下几项工作：首先，将调查的过程用各种方法记录下来。其次，对于难度较大的问题，可以用其他调查方法辅助调查研究。

第五步，对调查结果进行综合分析。

第六步，以对调查结果的综合分析为基础写出报告。

（二）中心小组调查法

运用中心小组调查法，可以从讨论中引出启示和假说。因为，有着相同问题的人们，彼此之间愿意交谈而没有顾虑。这个条件是中心小组调查法的基础。使用中心小组调查方法对于某个领域的问题进行调查，由适合回答这类问题的同类型的人员组成小组，在召集人的指导下，组织他们进行讨论。

运用中心小组调查法时，参加小组调查的人员应根据问题的性质而有所不同。参加人数 8~12 人较好，人少了则每人负担过多，人数过多，发言机会就少，也不好。

一次会议所需时间大约 1.5~2 个小时。这样时间适中，调研者可以从讨论中得到想得到的情报。调查完成之后，也便于整理报告。如果需要调研的题目太大，调研者可以将题目分解成几个问题，保证调查工作顺利进行。

运用中心小组调查法时，召集人的作用是很重要的，一般对于熟悉心理学理论的人比较合适，有时也可以聘请专门的心理学者来当召集人。中心小组调查法对其他调查者要求也很高。为了在调研活动中造成一种统一的、有刺激性的气氛，调查者需要引导被调查积极参与讨论，形成两者的互动。调查者在调查过程中，应当深刻理解调查的目标和性质，深刻理解问题的实质，注意倾听每一个被调查者的叙述，并且注意力高度集中，认真分析，获得有效的信息。对那种一瞬间闪现出来的启示，应当立即抓紧追踪。这些都需要有相当高的技术和训练。

第三节　课程思政"行走课堂"常用的定量研究方法

结合课程思政开展"行走课堂"活动，定量数据的分析是很有说服力的，因此，掌握定量研究方法十分重要。在获得定量数据的调研过程中，抽样方法、问卷设计原则以及数据的整理是必须掌握的定量研究基本方法。

一、抽样方法

在开展社会实践过程中经常需要实施定量的调查，例如，我们要调查某一年中央一号文件的某项惠农政策实施后农民增收的情况，可以通过抽样调查的方法对于整体情况进行了解，发现其中普遍存在的问题、并结合定性的方法深入分析。

定量研究与前文提到的质的研究重视的都是研究的客观性、科学性与数据分析的正确性。因此掌握正确的定量资料收集方法，选用正确合适的统计方法，站在客观的立场分析数据，使获得数据成为有用的信息，从而验证开展社会实践之初做出的假设，归纳整理出结论。定量研究方法是社会实践过程中一个必不可少、并且十分有效的手段。

使用观察、测验、量表、问卷等方法可以获得社会实践工作所需的数据资料，这些数据可以作为假设检验的基础，因此，为了获得有效的资料，选用合适的统计方法开展工作，为支持或否定原假设提供证据资料，显得十分重要。

定量研究方法主要在于数据的取得、计算机统计应用的分析。定量的研究历程通常包括选择与定义、执行研究的程序、数据分析和结果分析、结论四个步骤。

（一）抽样调查的基本概念

抽样调查是从总体中抽取一定数量的样本来推断总体情况的一种调查研究方法，它是按照科学的原理和计算，从若干单位组成的事物总体中，抽取部分样本单位来进行调查、观察，用所得到的调查标志的数据以代表总体，推断总体的情况。

在统计学专业抽样的相关内容甚至是可以作为一门课程开设的。为了掌握定量调研方法，做好社会实践，就需要首先掌握抽样调查的几个重要概念。

总体：也称一般总体，指社会实践项目等工作中确定的研究对象的全体。

个体：也称个案，指组成总体的每个元素。

样本：也称抽样总体、样本总体，从总体中抽取的若干个案所组成的群体。样本容量通常用符号 n 表示。

样本统计值：在实际研究中直接从样本中计算得到的各种量数。

总体参数值：从已知统计进行推论得到的各种量数，称为总体参数值。

统计推论：统计推论就是用样本统计值推论总体参数值的统计方法。

在大多数情况下，抽样调查具有随机性、推断总体、估算误差以提高准确度等特点。

（二）选择抽样调查的方法

要正确使用抽样调查方法，在进行抽样方案的设计时，首先应该按照正确的抽样调查的步骤执行。在思想政治类实践活动中，应当做好如下几步工作。

第一步，准确界定调查总体。界定调查总体就是要清楚地确定社会实践项目针对对象的范围，为满足社会实践目的的需要，调查总体可以从以下几个方面进行表述：地域特征、年龄性别等人口统计学特征、群体特征等，如 2013 年北京市大学生 "村官" 创业情况及态度评估。

第二步，选择资料获取方式，资料收集方式对抽样过程有重要影响。例如，采用入户面访、电话调查、街上拦截，还是网上调查、邮寄调查等对抽样结果都会有不同的影响。在社会实践活动中，一般从操作相对方便角度考虑，往往采取面访填写问卷的形式。

第三步，选择抽样框。抽样框也称抽样范畴，是抽取样本的所有单位的名单。例如，要调查北京市大学生"村官"创业情况，抽样框就是某一年北京市全体大学生"村官"的名单。同时，抽样框的数目是与抽样单位的层次相对应的。如区县、乡镇等，这样抽样框也应有三个：全北京市的大学生"村官"名单、学校样本中所有区县的大学生"村官"名单、区县中各乡镇的大学生"村官"名单。准确地抽样框必须符合完整性与不重复性两个条件，在实际抽样操作中，实现这两个条件是很不容易的。比如，要抽取北京的居民户作为样本，就可能出现一户有多处住宅情况，或者由于居住条件有限，好几户居民居住在一个门牌号码的情况，这就出现重复或者遗漏的情况。因此，选择一个适当的抽样框是不可忽视的问题。

第四步，确定抽样方法和抽取样本。选择抽样框后，接下来就可以确定抽样方法，并决定样本大小。

第五步，评估样本正误。在从总体中抽出样本后，不要急于作全面的调查，可以初步检查一下这个样本对总体的代表性如何，资料有无代表性，需要按确定的标准加以评估。这项工作在需要学校支持（经费支持、重点团队确立等方面）的情况下，最好在申请提交前完成评估样本正误。

（三）抽样方法的种类

抽样方法主要分概率抽样和非概率抽样两大类，也就是专业人士通常所说的随机抽样与非随机抽样。所谓概率抽样就是按照随机原则选取样本，完全不带调查者的主观意识，使总体中所有个案都具有相同的被抽入样本的概率。而与之相对应的非概率抽样则是依据研究要求，主观地、有意识地在研究对象的总体中进行选择抽样。

非概率抽样主要包括判断抽样、巧合抽样等方法。非随机抽样方便易行，为争取时效或达到特殊目的实施的问卷调查中经常使用。但是，这类方法受主观和巧合因素影响比较大。比如通过社会实践实施判断确定样本，而社会实践的主体是大学生经验相对不足，如果判断不准，误差就会很大；再如巧合抽样中常采取的"街头拦人法"，在中关村街头（中国科学院的多个研究所、清华大学、北京大学等高校均在该地区）拦下的行人可能是两院院士，也可能是一名普通的退休工人，还可能是一名外来农民工。有时，由于在一些社会实践项目中考虑到资金或时间的客观制约因素，无法实施概率抽样时，可以使用非随机抽样的方法进行调查，很可能无法保证样本代表性，不能用来推论总体。因此，在整理总结结论时需予以解释分析，得出恰当的结果。因此，为了使社会实践活动做得更好，笔者认为最好采取概率抽样（随机抽样）方法。一般来说，概率抽样包括如下几种方法。

1. 简单抽样

简单抽样，也称纯随机抽样、简单任意抽样法。该方法是从调查总体中完全按照随机的原则抽取调查样本，即先将总体中的每一个个体都编上号码，然后抽出需要的样本。简单抽样经常使用的是统计上的随机数表。简单抽样的不足之处是这种选择方式可能导致抽出的样本不一定具备代表性。比如前述开展北京市大学生"村官"创业情况调查，如果简单抽样就可能导致抽出的样本男女比例失调等情况出现。

2. 等距抽样

等距抽样又称机械抽样、系统任意抽样法。这种方法就是根据构成总体中个案出现的顺序，排列起来，每隔 K 个单位抽取一个单位作为样本。

K 值指每隔多少个抽一个，计算公式是：

$$K = N(总体个案数)/n(样本个案数)$$

相对于简单抽样方法，等距抽样易于实施，工作量小；而且样本在总体中分布更为均匀，抽样误差小于简单抽样。它的不足之处是于容易出现周期性偏差。为了防止这种情况，社会实践者可以取一定数量的样本后，打乱原来的顺序，重新建立顺序，以纠正周期性偏差。

3. 分层抽样

分层抽样，也称类型抽样、分类抽样或分层定比任意抽样。分层抽样是将总体各单位先按照主要标志分组，然后在各组中采用简单或机械抽样方式，确定所要抽取的单位。分层抽样实质上是科学分组和抽样原理的结合。比如在抽取北京市大学生"村官"创业情况调查的样本内，根据原来所学专业类别（农科、非农科）以及大学生"村官"的工作时间的作为，进行分组抽样的依据。

确定抽样的数目时，一般可以采用如下两种方法。

定比法：就是对各个分层一律使用同一个抽样比例。抽样比例 f 的计算公式为：

$$f=n(样本个案数)/N(总体个案数)$$

异比法：如出现其中某一层可供抽样的对象特别少，按同一比例抽样所获得的个案数量太少，就会影响这一层抽样个案的分析；要解决这个问题，就可以在这一层采用比其他层较大的取样比例，这叫作异比分层抽样。

在社会实践调查抽样时，实施上，可以首先将总体分成几个不同的小群体，各层间尽可能异质、各层内尽可能同质，然后从每层中利用随机抽样方式，依一定比例各抽取若干样本数。

分层随机抽样的步骤如下：①确认与界定研究的总体；②决定所需样本的大小；③确认变量与各子群，以确保抽样的代表性；④依据实际研究情形，把总体的所有成分划分成数个阶层；⑤使用随机方式从每个子群中按照一定的比例人数或相等人数抽取样本。在社会实践活动涉及的抽样调查中，我们就可以采取上述步骤。例如，总体是北京市某街道所有青年居民 2 万人，样本大小是 1000 人，男女比例是 5.5：4.5，就从男士中抽取 550 人，从女士中抽取 450 人，分别抽取。

4. 整群抽样

整群抽样，也称聚类抽样、集团抽样。是以一个群组或一个团体为抽取单位，而不是以个人为抽样单位。使用整群抽样法的特点是，抽取的样本点是一个群组，总体内的群组间的特征比较相近、同质性高，而群组内彼此成员的差异较大。比如要调查北京市一个郊区（县）大学生"村官"创业情况，可以抽取其中一个或几个乡镇进行调查。

整群抽样的步骤有：①确认与界定总体；②决定研究所需的样本大小；③确认与定义合理的组群；④列出总体所包括的所有组群；⑤估计每个组群中平均总体成员的个体数；⑥以抽取的样本总数除以组群平均个体数，以决定要选取的组群数目；⑦以随机抽样方式，选取所需的组群数；⑧每个被选取的组群中的所有成员即成为研究样本。

5. 多段抽样

多段抽样是一种较复杂的抽样方法，即从集体抽样到个体抽样，分成若干阶段逐步地进行。在各段之间则可采用简单的或分层的抽样法，在大规模调查时常用，不足之处是经过多段抽样，可能导致误差较大。

6. 其他抽样方法

除了以上几种基本的抽样方法，抽样方法还有很多；根据思想政治类实践的特点，以下两种方法也可以采用。

一是推荐抽样，也称"雪球抽样"，要求回答者提供附加回答者的名单，起初汇编一个比总样本要小得多的名单，随着回答者提供其他回答者名单。其他回答者名单意味着样本如雪球一样越滚越大。如果参与社会实践的大学生不知道调研对象总人数是多少，可用此方法预测总人数，然后进行概率抽样。

二是空间抽样，可以在特定的空间抽取样本，例如调查参与一个大型活动的群众情况，可以在现场直接进行快速空间抽样，把参与社会实践调研的大学生分散开，按照一定的规律和数字间隔进行采访。

（四）确定样本大小

样本大小又称样本容量，指的是样本所含个体数量的多少。样本的大小不仅影响到其自身的代表性，而且还直接影响到调查的费用和人力的投入。确定样本的大小，需要重点考虑的因素有：精确度要求、总体的性质、抽样方法、客观制约（即人力、财力的因素）。

首先，参与社会实践调研的大学生必须了解的是样本的大小与总体的关系不是成直接正比的关系。因此，在社会实践时选择样本大小，可以从这几个方面来考虑样本的数目：①在低年级阶段可以借鉴前人相似的研究，查阅资料，参考别人的样本数，作为参考。②根据资料分析的要求，样本的数目首先要够作资料分析。③根据统计的要求，样本的大小与抽样误差成反比，与研究代价成正比，这就需要依据"代价小、代表性高"的基本原则开展工作。对同质性强的总体，其差异不大，选择样本可以小一点。而异质性高的总体，则要选择大一些的样本。估计样本的大小可以用一个简单的公式：

$$n = (k \times \delta / e)$$

式中，e 是抽样误差，即总体的参数值与样本的统计值之间的差异，δ 是总体标准差，反映了总体变量值分散的程度，k 是可信度系数，样本对总体的代表性程度。例如可信度为 95%，可信度系数 $k = 1.96$，我们在决定样本大小的时候，要考虑到 k、δ、e 三个因素。

开展社会实践工作抽取样本时，应根据具体情况具体分析，选择适当的抽样方法，选取有代表性的小样本。

二、问卷设计

问卷就是为了完成社会实践调查工作而设计的问题或问题表格。问卷是为了达到调研项目目的和收集必要数据而设计的一系列问题。如何设计一份合格有效的问卷是社会实践活动必须要面对的重要问题。

（一）问卷的类型

问卷的类型很多，具体的类型如下。

1. 按问卷答案划分

问卷可分为结构式、开放式、半结构式3种基本类型。

（1）结构式：通常也称为封闭式或闭口式。即选择题式的打钩或者画圈。此类问卷的优点是问题明了，被访者易答且答案标准化，便于统计分析，不足之处在于答案给定不能反映出回答者的真实想法，因为产生歧义胡乱画钩的可能性较大。

（2）开放式：通常也称为开口式。采用问答形式，不设置固定的答案。此类问卷的优点在于，可以充分反映答卷者的想法，尽可能收集更多的答案，特别是用于答案过多且不确定的问题，如您目前最希望社区能提供哪些服务。不足之处在于答案没有统一的标准，不利于统计分析，且要求答卷者具有较高的文化水平和表达能力，回答拒绝率较高等。

（3）半结构式：介于以上两者之间，问题的答案既有固定的、标准的，也有让回卷者自由发挥的，吸取了两者的长处。这类问卷在社会实践调查中应用比较广泛。

2. 按调查方式划分

按调查方式分，问卷可分为访问问卷和自填问卷。

（1）访问问卷：是由社会实践大学生进行访问，由大学生填答的问卷。此类问卷的特点是回收率高，填答的结果也最可靠，可是耗费的时间长，人力物力成本比较高，这种问卷的回收率一般都要求在90%以上。

（2）自填问卷：是由被访者自己填答的问卷。自填式问卷还可以分为发送问卷和邮寄问卷两类。而邮寄问卷是由调查者直接邮寄给被访者，被访者自己填答后再邮寄回调查单位的调查形式。此类问卷的回收率低，调查过程不能进行控制，并且容易出现偏差，影响对总体的判断，一般来讲，邮寄问卷的回收率在50%左右即可。发送问卷是由社会实践大学生直接将问卷送到被访问者手中，并由调查员直接回收的调查形式，此类问卷的优点和不足之处介于上述两者之间，回收率要求在67%以上。

3. 按问卷用途分

按问卷用途分，可以分为甄别问卷、调查问卷和回访问卷（复核问卷）。

（1）甄别问卷：是为了保证被访者确实是研究调查的目标群体，在调查中是为了保证调查的被访者确实是调查目标人群而设计的一组问题。在一般的问卷调查中，甄别的问题一般包括对年龄的甄别、性别的甄别等为特定研究目的设定的问题。

（2）调查问卷：即问卷调查的主题、问卷的分析基础。

（3）回访问卷：即复核问卷，为了核实调查者是否按照要求回答及调查问卷是否有效的问卷。通常由甄别问题及调查问卷中的关键问题组成。

由于社会实践时间较短，且没有商业目的，甄别、回访调查使用的比较少。

以上是问卷的基本形式，在实际操作过程中，大学生可以根据调查的需要，选择设计所需要的问卷形式。

（二）问卷结构内容

问卷表的一般结构有标题、说明、主体、编码号、致谢语和实施记录6项。

1. 标 题

每份问卷都有一个主题，设计思想政治类实践问卷时应开宗明义，反映具体的调研主题，使人一目了然，让受访者知道要调查什么，增强填答者的兴趣和责任感。

2. 说 明

问卷前面应有一个说明。这个说明既可以是一封告调查对象的信，也可以是导语，说明这个调查的目的意义、填答问卷的要求和注意事项，下面同时署上调查单位名称和年月。问卷的说明是十分必要的，这不仅可以增强可信度也是尊重被访者的表现。

3. 主 体

这是问卷的核心部分。问题和答案是问卷的主体。从形式上看，问题可分为开放式和封闭式两种。从内容看，可包括事实性问题、断定性问题、假设性问题和敏感性问题等。

（1）事实性问题。被访者的背景资料，如姓名、性别、出生年月、文化程度、职业、工龄、民族、宗教信仰、家庭成员、收入情况等。

（2）断定性问题。假定某个调查对象在某个问题上确有其行为或态度，继续就其另一些行为或态度作进一步的了解，又称转折性问题。

（3）假设性问题。假定某种情况已经发生，了解调查对象将采取什么行为或什么态度。

（4）敏感性问题。指涉及个人隐私、社会地位、政治声誉，或不为一般社会道德和法纪所允许的行为等。

4. 编码号

在问卷上统一为每个答案依次填上编号。如果一个问题有一个答案就占用一个编码号，如果一个问题有三种答案，则需要占用三个编码号。编码也可以不出现在每份问卷上，在需要统计分析时进行编写。设计编码号主要是为了在使用统计软件统计时录入方便而做的工作。

5. 致谢语

为了表示对调查对象真诚合作的谢意，研究者应当在问卷的末端写上"感谢您的真诚合作！"等致谢辞。如果在说明中已经有了表示感谢的话，如"问卷到此结束，再次感谢您的支持"。末尾也可以不写。

6. 实施记录

实施记录主要是用来记录调查的完成情况和需要复查、校订的问题。格式要求比较灵活，一般调查者与校查者在上面签写姓名和日期。

以上问卷的基本项目，是要求比较完整的问卷所应有的结构内容。在思想政治类实践中使用的问卷一般都可以简单些。

（三）问卷设计的程序步骤

为使问卷具有科学性、规范性和可行性，问卷设计的步骤可以按照下列程序进行。

（1）确定调研的目的、调查的范围、内容等相关背景信息资料。在正式设计问卷前，明确要问哪些问题，可能获得哪些结论，这对整个问卷的质量以及下面步骤的实施有一个引领的作用。

（2）确定数据收集方法，选择哪一种数据的收集方法，采用何种调查形式，对问卷的设计都有影响。比如自我回答的访问就要求问卷设计得清晰明了且简短，因为参与调研的大学生不在场，没有解释澄清问题的机会。电话调查则要描述语言清晰丰富以使回答者理解，而在个人访谈中就可以借助图片等方法完成调查。

（3）确定问题的回答形式，问题的回答形式可以有开放式问题、封闭式问题、量表回答式问题。封闭式问题中的单选问题和复选问题（多项选择）。

（4）决定问题的用词，必须考虑到以下几点：用词必须清楚；避免诱导性用语；考虑回答者回答问题的能力；考虑到回答者回答问题的意愿。

（5）确定问卷的流程和编排。问卷的编排需有逻辑性。

（6）评价问卷和编排。设计完问卷的草稿，应当首先自行评估，大学生也可以请比较有经验的指导老师进行评估，以修改编排问卷等。

（7）预先测试和修订。在正式调查之前，需要预先抽取少量被访对象进行预测，以判断问卷的有效性及需要改正的地方。

（8）评价和预测。主要是通过对问卷进行评价和预测，发现潜在问题；保障调查的顺利实施。

（9）准备问卷，进入实施阶段。

（四）问卷设计原则

（1）设计内容必须与研究目的相符合。

（2）考虑按不同的变量层次来设计问题。

（3）问题要清晰，语言要易懂。由于调查问卷的目的是尽可能地获取被访者的信息，因此无论哪种问卷，问题的措辞与语言十分重要。语言措辞要求简洁、易懂、不会误解、在语言、情绪、理解几个方面都有要求。①多用普通用语、语法，对专门术语必须加以解释；②要避免一句话中使用两个以上的同类概念或双重否定语；③要防止诱导性、暗示性问题，以免影响回卷者的思考；④问及敏感性问题要讲究技巧；⑤语言要浅显易懂，要考虑到回卷者的知识水准及文化程度，不要超过回卷者的领悟能力；⑥可以使用方言。如果被访对象在方言区访问时更应如此。

（4）讲究问卷的格式，注意问题间的转接。有些问题只适用于一部分对象，必须先提出识别性问题，符合了条件再问下一类问题。

（5）要注意问题的排列顺序。①应把简单的事实性问题放在前面，而把表示意见态度的问题放在稍后。②对于敏感性问题或开放性问题，应放在问卷的较后面位置，但不必全放在最后。③遵照逻辑发生次序安排问题的先后，时间上先发生的问题先问，不同主题的问题分开，同性质的问题按逻辑次序排列。④为了加强答案的可靠性，可以从正反两个方面或问卷的前后不同位置来了解同一件事情。⑤要把长问题与短问题混合使用，也可依照范围的大小，按从小到大的次序排列层层缩小。

总之，问题次序可以依照题目、逻辑的先后、重要性如何、范围的大小来排列。

（五）评价问卷的标准

如何评价问卷并根据测试结果修改问卷呢？良好问卷的评价标准是什么呢？中国台湾学者林振春先生（1993）就良好问卷提出了 10 点评价标准。

（1）问卷中所有的题目和研究目的相符合。

（2）问卷能显示出和一个重要主题有关，使填答者认为重要，且愿意花时间去填答，亦即具有表面效度。

（3）问卷仅用于收集由其他方法所无法得到的资料，如调查社区的年龄结构，应直接向户政机关取得，以问卷访问社区居民是无法得到的。

（4）问卷尽可能简短，其长度只要足以获得重要资料即可，问卷太长会影响填答，最好 30 分钟以内。

（5）问卷的题目要依照心理的次序安排，由一般性至特殊性，以引导填答者组织其思想，而让填答具有逻辑性。

（6）问卷题目的设计要符合编题原则，以免获得不正确的回答。

（7）问卷所收集的资料，要易于列表和解释。

（8）问卷的指导语或填答说明要清楚，使填答者不致有错误的反应。

（9）问卷的编排格式要清楚，翻页要顺手，指示符号要明确，不致有翻前顾后之麻烦。

（10）印刷纸张不能太薄，字体不能太小，间隔不能太小，装订不能随便。

（六）问卷调查主要类型

常用的问卷调查方法有访问、邮寄、发放等，采用哪种方法进行调查，我们也需要考虑其利弊。

1. 访　问

由参与社会实践的大学生根据被调查者的口头回答来填写问卷的方式。采用访问的问卷方法，尤其是入户访问，具有资料较真实、可信度高、完整性高、回卷率高、问题可以追问、弹性大等优点，但是也有访问时间长、成本高、代价高、受访者与访问者产生偏见或敷衍回答等不足之处。

在此类访问实施过程中，我们需要注意以下问题。

（1）在抽样方法的选择上要进行充分的考虑，因为实施的代价比较大，尽量使样本具有代表性。

（2）问卷不宜太长，入户访问估计时间尽量控制在30分钟以内，印刷时双面印刷要比单面印刷效果好些，这样受访者会觉得好像短一些，不会耗费他很多时间。

（3）访问选择的时间应当在双休日或节假日为佳，在社会实践的研究项目中，访问员可以是自己，也可以在学校招募同学，告知被访者自己的学生身份，说清社会实践的目的，必要时出示学生证件，使被访者容易接受，减少拒访率。

（4）明确访问目的，严格控制访问时间，并且根据观察被访者分辨哪些是马马虎虎敷衍的答案，哪些是被访者真实的想法。为了避免影响被访者的意见，尽量完整地取得被访者的真实想法。

（5）注意访问员的自身安全。

2. 邮　寄

邮寄与访问调查比较的优点是省钱，回卷者可以在他方便的时候回答问卷，匿名性大。但邮寄也有不足之处，主要是回复率低、缺乏弹性、无法追问你不清楚的问题。邮寄问卷需注意以下问题

（1）邮寄的主人会直接影响到回复率，在开展社会实践时可以通过与政府部门、报刊等合作，并以联合的名义进行社会调查。

（2）应将回邮的地址、信封邮票都寄给受访者；在信封的封面上采取尊敬的礼貌的称呼，在信的最后要加上请你必须在哪一天以前寄回来的手书，可以增加回卷率。

（3）诚恳地说明研究的目的，请求对方合作，如果资金条件允许，可以采取邮寄奖品的形式，如纪念卡、明信片等提高回卷率。

3. 发 放

依靠组织系统发放问卷的方法。发放方式即由各级负责人讲明调查目的、要求，交代方法和步骤，在与单位沟通协商后，单位一般能够积极配合，这样的答卷效果好。但也可能遇到个别不配合的单位，这样就会导致发放效果不佳，影响调查效果。

第五章 结合其他类型思政教育实践活动建设"行走课堂"

第一节 导入案例

在开展"行走课堂"建设中，会发现一些教育活动与前述的大学生暑假社会实践、思想政治理论课、课程思政有所区别，这里我们可以把这些活动归纳为其他类型综合思想政治教育实践活动。下面我们从一篇学生红色"1+1"活动总结导入，分析结合其他类型综合思想政治教育实践活动建设"行走课堂"的路径。

关于"巧妇"与"无米之炊"的辩证思考①

俗话说，"巧妇难为无米之炊"。然而，在实际的工作实践中，"难"与"不能"并不等同，"无"与"有"亦可以转换，"难为"不等于不能为，也不等于无所作为，更不等于不敢为的基础，"无米"也并非是绝对的条件缺失。作为新时期的高校教师和大学生，面对社会发展和学生党支部活动中的现实矛盾，不能无所作为，只有坚持马克思主义辩证唯物主义，努力提高主体认识能力，自觉认识客观规律，不断发挥主观能动性，在想为、巧为、勇为、善为上做文章，就有可能做到从"巧妇难为无米之炊"向"巧妇能为无米之炊"的转变。北京农学院工商管理学生党支部 2011 年红色"1+1"活动就验证了上述观点。

一、统一思想，做"想为"文章，选好工作方向，大胆提出工作设想

农林院校非农专业，在开展红色"1+1"活动中存在很多不利因素，

---

① 本文为北京农学院经济管理学院工商管理学生党支部 2011 年红色"1+1"共建活动总结材料。指导教师：张子睿。

农村基层单位认为农林院校非农专业学生不懂农；社区街道认为农林院校学生不懂非农知识不愿合作。这就势必造成农林院校非农专业学生开展红色"1+1"活动难找合适对接单位；介入后蜻蜓点水，无法帮助其解决实际问题，难以形成特色的局面，面临着"巧妇难为"的窘境。面对现实困难，北京农学院经济管理学院工商管理学生党支部转变观念，开阔思路，积极寻求本专业教师支持，调动多方积极性，拓展合作渠道，通过努力，使农林院校非农专业红色"1+1"活动工作迈上新台阶。

早在2010年之初，活动指导教师提出了以专业教师党员介入活动的建议，并提出了"慎准备、广调研、缓出手"的指导方针，得到教研室主任邓蓉教授的支持。基于此思路，2010年该支部放弃了红色"1+1"活动申报，并选择优秀学生参与指导教师组织的学会志愿者活动。在参加2010年北京科技周重点活动"创新方法京郊行——千人公益大讲堂"志愿服务过程中，了解了京郊基层对科普工作的需求，师生深入实际，对京郊社区及企事业单位进行了细致深入的调查。经过调查，发现京郊社区群众对掌握创新方法推动工作等需求十分强烈。

有需求就有实施的可能，要将需求变成现实就需要坚持统一思想。统一思想主要是将某一部分人解放思想的成果，经过一定的程序，扩展为一个群体的共识，产生正确的决策，又能步调一致地贯彻落实。统一思想不是禁锢思想、武断决策。统一思想需要广泛民主、以理服人、集思广益、群策群力。因此依托"想为"工作理念，在北京创造学会的支持下，工商管理学生党支部全体学生党员统一思想，在2010年7月大胆提出工作设想，"服务远郊社区科普工作，解决基层急难问题"被确定为工商管理学生党支部2011年红色"1+1"活动目的，北京市延庆县香水园街道新兴东社区被确定为活动地点，2010—2011学年第二学期及学年暑假被确定活动时间，街道及社区两层面科普活动被确定为活动核心形式。

二、更新观念，做"巧为"文章，定准工作思路，善于在统一思想基础上解放思想

敢想，还要敢干、会干，这就要"巧为"，开动脑筋，拓展思路，不受固有的思维定式和观念所围，突破习惯思维闯出新路，这是创造学理论的核心也是创新的要求。

探讨创新的定义，不难发现，创新作为一种理论可追溯到1912年美国哈佛大学教授熊彼特的《经济发展概论》。熊彼特在其著作中提出："创新是指把一种新的生产要素和生产条件的'新结合'引入生产体系。"这里，熊彼特把创新定义为建立一种新的生产函数，即企业家实行对生产要素的新结合。它包括：①引入一种新产品；②采用一种新的生产方法；③开辟新市场；④获得原料或半成品的新供给来源；⑤建立新的企业组织形式。当然随着科技进步、社会发展，对创新的认识也是在不断演进的。特别是知识社会的到来，对创新模式、创新形态的变化进一步被研究、被认识。

学生党支部工作是党的基层工作的重要组成部分，既要坚持党和国家的方针政策，又要提出有开拓精神的工作思路。要想实现"巧为"，就要更新观念，善于在统一思想基础上解放思想。解放思想所要克服的是超越客观实际的教条主义和落后于客观实际的经验主义。解放思想所要实现的是主观和客观相一致、认识和实践相统一。解放思想的基本要求是实事求是、与时俱进，也就是主观认识上掌握工作对象的客观规律，并随着客观实际情况的不断变化，在主观认识上得到及时反映，拿出相应的正确办法，达到驾驭现实、促进发展的效果。解放思想不是胡思乱想、离经叛道。解放思想需要深厚的理论功底、严谨的探索精神、敏锐的洞察能力和不图虚名、求真务实的良好心态。正是在解放思想理念的指导下，工商管理学生党支部提出了"不求所有，但求所用"的理念，抛开所有的事情都需要自己完成的想法，提出了依托北京创造学会科普工作委员会、新兴东社区党支部联合举办"新兴东创新科普讲堂"的方案，以实现把红色"1+1"活动落到实处的目标。

三、开拓进取，做"勇为"文章，确立工作方案，开拓活动创新局面

党的十六届三中全会中提出的"坚持以人为本，树立全面、协调、可持续的发展观，促进经济社会和人的全面发展"，按照"统筹城乡发展、统筹区域发展、统筹经济社会发展、统筹人与自然和谐发展、统筹国内发展和对外开放"的要求推进各项事业的改革和发展。要践行科学发展观，第一要义是发展，核心是以人为本，基本要求是全面协调可持续，根本方法是统筹兼顾。

温家宝同志2007年先后两次对创新方法工作做出重要批示，要求高度重视王大珩、刘东生、叶笃正三位科学家前辈提出的"自主创新，方法先行。创新方法是自主创新的根本之源"这一重要观点。遵照温家宝同志批示精神，科学技术部、国家发展和改革委员会、教育部和中国科学技术协会四部门共同推进创新方法工作，于2008年4月23日印发了《关于加强创新方法工作的若干意见》。

在国家高度重视创新方法背景下，郊区街道社工、群众却对创造、创新方法知之甚少。要开展好"创造、创新、创业"培训工作就要"勇为"，以开拓进取思路确立工作方案。

延庆地处北京西北部，距离城区较远，聘请市内学术团体专家来延庆讲学，经常因为交通时间成本过高难以成行。工商管理学生党支部抓住乐于公益活动的学者开始关注郊区公益科普的契机，以"勇为"精神，与新兴东社区党支部等单位合作，在 2011 年 2 月 24 日，针对香水园街道干部和各社区工作者开展了"创新方法进社区"活动，并开展社区科普需求调研，活动效果显著，在首都科技网和延庆相关媒体上相继报道，打开了红色"1+1"共建活动工作局面。

四、科学谋划，做"善为"的文章，构绘工作愿景，推动红色"1+1"共建工作可持续发展

通过聘请乐于公益活动的学者参与公益培训，虽然解决了最关键的师资问题，然而要保证活动的长期性，则需要解决场地、活动范围等诸多问题。在这一背景下，工商管理学生党支部本着"善为"的原则，科学谋划，构绘了一个长远的工作愿景。

首先，站在公益活动参与者的立场上，以诚感人，赢得了拥有 10 余年国家大型企业员工创新方法培训成功经验的北京创造学会的支持。北京创造学会根据学生调研结论，投入科普"奖补"，购买价值 4500 余元的图书，于 2011 年 3 月 20 日，开展了向香水园街道捐赠科普读物活动，解决了社区工作者和社区居民的急需。

其次，站在街道工作创新的立场上，使社区党支部赢得领导支持，街道领导非常重视该活动，分管科普的人大街道工作委员会詹杰副主任及有关科室负责人出席了共建支部主办的图书捐赠活动，整合资源解决场地问题，使活动开展有了设施保障。同时，大力支持工商管理专业实习调研活动，为实习学生提供实习场地、免费午餐的支持。

最后，抓住延庆创建科普示范县契机，根据社区居民要求，2011 年 7 月 22 日，针对高中毕业生考取大学后，如何做好入学准备的需求。开展了以"如何适应大学新环境、怎样结合在未来专业学习中实现创造创新"为主题的公益讲座。活动博得参与者一致好评。在合作单位党支部书记的协调下，初步确定将该活动办成连续性活动，使公益活动拥有了后劲，也使实现红色"1+1"共建工作可持续发展的目标成为可能。

综上所述，想为、巧为、勇为和善为，不是简单的工作技巧问题，而是基层学生党支部干部的责任心、精神状态和思维方式问题。事实证明，我们只要在唯物辩证法指导下，通过个人主观上的不懈努力，许多困难都是可以克服的。实践工作的经验使我们感到："天下事有难易乎？为之，则难者亦易矣；不为，则易者亦难矣。"从"巧妇难为"到"巧妇能为"，虽一字之差，却折射出以马克思主义唯物辩证法指导大学生党建工作思路创新的熠熠光辉。

大学生党员活动、志愿者服务、创新创业这些可以归纳为其他类型综合思想政治教育实践活动的教育工作，都属于广义社会实践范畴；也是建设"行走课堂"不可忽视的内容。在大学中学生党员占比不高，而志愿者服务、创新创业是每一个学生都有机会参加的，所以，结合后两种实践和教学形式开展思想政治教育活动，是让其他课程思政资源服务于学生成长的有效途径，也是"行走课堂"的一种特殊表现。

在2014年9月的夏季达沃斯论坛上，李克强总理在公开场合发出"大众创业、万众创新"的号召。此后，他在首届世界互联网大会、国务院常务会议和各种场合中频频阐释这一关键词。

2015年，李克强总理在政府工作报告中又提出"大众创业，万众创新"。政府工作报告中如此表述：推动大众创业、万众创新，"既可以扩大就业、增加居民收入，又有利于促进社会纵向流动和公平正义。"在论及创业创新文化时，强调"让人们在创造财富的过程中，更好地实现精神追求和自身价值"。

2015年5月13日发布的《国务院办公厅关于深化高等学校创新、创业教育改革的实施意见》（国办发〔2015〕36号）文件指出："2015年起全面深化高校创新、创业教育改革。2017年取得重要进展，形成科学先进、广泛认同、具有中国特色的创新、创业教育理念，形成一批可复制可推广的制度成果，普及创新、创业教育，实现新一轮大学生创业引领计划预期目标。到2020年建立健全课堂教学、自主学习、结合实践、指导帮扶、文化引领融为一体的高校创新、创业教育体系，人才培养质量显著提升，学生的创新精神、创业意识和创新、创业能力明显增强，投身创业实践的学生显著增加。"

2017年10月18日，举世瞩目的中国共产党第十九次全国代表大会在北京开幕，习近平总书记在十九大报告全文共提到"创新"58 次，提到"创业"6 次。

在党和国家高度重视创新创业问题、教育部提出具体要求的背景下，创新创业的基本信息在教育界已经十分熟悉。志愿者服务活动种类众多，而且很多情况下都是由单个学生个体报名参与的，一些朋友对于志愿者活动及活动涉及的问题了解不深入。

因此，本章下面内容将介绍志愿公益活动类型"行走课堂"的基本内容，而对于创新创业志愿公益活动型"行走课堂"则侧重介绍结合教育工作开展思想政治教育实践的措施。

第二节　志愿公益活动型"行走课堂"简介

一、志愿公益活动概述

（一）志愿公益活动含义

提及志愿公益活动，人们首先会想到献爱心、志愿服务、不求回报等。基于不同的背景，人们对志愿公益活动有不同的理解。有人认为参与志愿公益活动是一种无偿服务，也有人认为志愿公益活动应以自愿提供服务为基础。但一般认为，志愿公益活动是指志愿者在不谋求任何物质报酬的情况下，自愿贡献个人的时间、精力、金钱等，从事社会公益和社会服务事业，为改进社会并推动社会进步而开展的服务活动。

国外的志愿公益活动萌芽于 19 世纪初，最早是以宗教性的慈善服务为起源，主要服务于贫民、孤儿、残疾人等。第二次世界大战后得到进一步规范，成为一种由政府或私人社团所举办的社会性服务工作，并逐渐步入了组织化、规范化和系统化的轨道，已经成为许多西方国家加强公民道德教育和维护社会稳定的有效形式。

在我国的传统文化中，"仁爱、互助、奉献、慈善"的思想为我国志愿公益活动的发展奠定了深厚的基础。我国的志愿公益活动大部分是在政府的协助指导下开展的，例如社区服务志愿者、青年志愿者。此外，还有一些民间志愿组织，如"自然之友"等，虽然与政府机构保持一定的联系，但是有较高的自主性。目前，我国较为知名的志愿公益活动主要有

"保护母亲河——绿色行动营计划""青年志愿者扶贫接力计划""希望工程""春蕾计划""母亲水窖工程"等。

(二) 志愿公益活动的特点

一般而言，志愿公益活动具有以下几个方面的特点。

1. 非营利性

非营利性是非营利组织区别于商业组织的根本属性，也是志愿公益活动的首要特点。在市场经济条件下，商业组织的主要经营活动都是以获取利润为目的的，志愿公益组织存在的根本宗旨则是社会公益事业，因此志愿公益活动也围绕这个目标进行，不以营利为目的，不进行利润分配和分红，并且不以任何形式将组织的财产转变为私人财产。

2. 公益性

志愿公益活动的内在驱动力不是利润，也不是权力，而是以志愿精神为背景的利他主义和互助主义。志愿公益活动是为社会公益服务的，旨在增进社群和社会福利、改善社会问题、提高生活质量、保证人类世代可持续发展等。例如"自然之友"，是一家非营利性的民间环保组织，致力于推动公众参与环境保护，其宗旨是通过推动群众性环境教育、提高全社会的环境意识、倡导绿色文明、促进中国的环保事业来争取中华民族得以全面持续发展。

3. 志愿性

志愿者与志愿组织成员的参加与资源的集中是自愿和志愿性的，是出于主动承担对他人、社会的责任。强调这一特性，不仅是因为志愿公益活动本身就是一种高于法定义务的奉献行为，只能出自行为者的自觉承担，还因为它表达了公民自主参与社会事务的诉求和对社会民主价值的承诺，志愿公益活动不应该只是通过组织而被动做出。通过与人们相关的职业单位或行政性系统来发动组织，难以保证志愿公益活动的自愿性，因为这既偏离志愿行为的真正精神，也难以使志愿公益活动持之以恒。

4. 目标性

在实施之前，志愿公益活动应确立一个明确的服务社会或某些群体的目标，有相应的期望结果或产出，从而使得活动有计划地实施，并且具备参照标准。同时，由于一个国家或一个地区的社会经济发展是一项复杂的系统工程，社会经济发展战略具有多维目标，因而一个志愿公益活动的目标往往不是一个而是多个，并且多个目标在次序上有关联性，在重要程度上也存在着差异性。例如，一个志愿公益性的扫盲活动需要完成编写教材、确定教师、授课、学习、测验等一系列相互关联的目标。

5. 不确定性

志愿公益活动具有一定的不确定性。志愿公益活动以独特的任务、任务所需时间估计、各类资源、资源的有效性、相关的经济与政策环境为假设条件，以资源的相关成本估计为基础。这种假定和预算的组合产生了一定的不确定性，并且可能会影响到志愿公益活动目标的实现。缺乏长期稳定的社会支持和物质保障，筹集资金和财务管理的能力有限，社会民众对志愿者参与的价值和意义接受不够普遍，社会经济环境的变化，等等，都会影响志愿公益活动的完成情况。例如，某基金会根据组织当时的自然条件和市场情况策划了一个扶贫养殖项目，然而，当农民养殖的家畜长大后，当地市场发生了大幅波动，家畜的价格下跌，通过养殖项目帮助农民脱贫致富的目标因而难以实现。

（三）志愿公益活动的类型

世界各国的志愿公益活动形形色色，千差万别。根据不同的分类标准，我们可以把志愿公益活动分为不同类型，如表5-1所示。

表5-1　志愿公益活动的类型

分类标准	类　型
规　　模	特大型、大型、中型、小型
复杂程度	复杂型、简单型
持续时间	长期活动、短期活动
实施主体	正式活动、非正式活动
提供方式	信息、宣传、教育等
实施领域	慈善、环保、社会服务、大型活动等
活动来源国别	国内活动、国际活动

1. 短期志愿公益活动与长期志愿公益活动

根据志愿公益活动持续时间的长短，我们可以将志愿公益活动分为短期与长期两种。一般而言，人们利用业余时间，兼职参与某项志愿公益服务，或虽全日参与某项志愿公益服务，但持续时间少于半年，比如大学生暑期三下乡活动、志愿者社区服务活动、"迎奥运"志愿公益活动等，我们都称之为短期的志愿公益活动。全日并且持续参与志愿公益服务半年以上的公益活动可以称之为长期志愿公益活动，如大学生志愿服务西部支教计划、中国红十字基金会发起的"红十字天使计划"等。

2. 正式志愿公益活动与非正式志愿公益活动

根据志愿公益活动的形式，我们可以将其分为正式与非正式两种。政府、非营利组织发起的志愿公益活动，一般要求签订合约，履行管理章程，明确项目计划书，参加志愿者培训活动和提供基本津贴等，通常比较正式。而很多情况下，志愿公益活动的发起与实施没有这么正式，志愿者个人、群体或民间非正式组织（未登记的）临时发起的帮助服务活动，服务内容比较简单，是社区服务中比较常见的形式。

3. 志愿公益活动提供方式

中国公益性非营利组织的活动方式主要是提供服务（59.4%）、交流（58.7%）、宣传（58.6%）；其次是调查研究（46.4%）；再次是收集资料、提供信息（41.0%）和提供政策建议、提案（38.5%）；而义演义卖活动（6.6%）、设置经营实体（7.2%）和进行商业性活动（7.4%）等方式最少（邓国胜，2001）。从这一数据中可以看出中国公益性非营利组织所起的最重要作用在于提供信息、宣传与教育服务。事实上，这也是非营利组织的特色和其与政府、企业的差异所在。由于非营利组织掌握的资源非常有限，有的甚至完全依赖于志愿者，因此它不可能像政府、企业一样以提供物质服务为主，而是更多地以提供信息、教育与宣传服务为主，即使是国际非营利组织也是如此。

4. 志愿公益活动领域

随着社会经济发展，现代志愿服务涉及范围日益广泛、采用形式多样，在文体教育、大型活动、社区服务、公共卫生、环境保护、抢险救灾、扶贫开发等公共领域有着突出的贡献。根据志愿服务的内容，我国志愿服务主要分为以下五类（熊正妩，2012）。

（1）大型活动志愿服务。大型活动志愿服务指志愿者为了大型体育赛事、会议等活动顺利举办而提供的公共服务，如2008年北京奥运会志愿服务。此类志愿服务往往对志愿者有一些特殊要求，如熟练掌握英语、有足够时间参与服务等。

（2）社区志愿服务。社区志愿服务指那些为了解决社区问题和促进社区进步，自愿贡献时间、才智或钱物，且不图报酬的行为（侯玉兰，2009）。此类志愿服务主要为老年人、残疾人、特困家庭等提供社会福利服务，实现社区救助、社会优抚、文教卫生发展及社区环境建设等目标。

（3）城市志愿服务。城市志愿服务指志愿者为方便城市公共管理、便利民众而提供的服务，主要集中在交通协管、便民指路、治安咨询等方面。例如，春运期间，志愿者在火车站及车站周边广场等范围内，为旅客提供便民服务。

（4）应急志愿服务。应急志愿服务指在灾害、险情发生后，志愿者向灾害地区民众提供物资支援、救助危难人员、协助灾后重建等服务。例如，2008年汶川大地震发生后，全国各地涌现的大量志愿者，为四川抗震救灾做出了突出贡献。

（5）其他志愿服务。其他志愿服务包括大学生志愿服务西部计划、民间环境保护志愿活动等一系列目的鲜明、宗旨明确的志愿服务。这些志愿服务致力于扶贫救困、环境保护、农村发展等方面，切实地帮助公共环境改善、社会福利完善。

二、志愿公益活动策划

志愿公益活动往往以具体的项目为依托来展开，志愿公益活动的策划影响着志愿公益活动的进展。不管是何种形式的组织，在开展志愿公益活动之前都需要面对一系列问题，即"如何策划设计一个志愿公益活动？需要坚持哪些原则？""具体的志愿公益活动策划方案包括哪些内容？"等等。

（一）志愿公益活动策划原则

志愿公益活动策划的目的在于，在活动开始之前为其提供尽可能详细的文件证明。实践证明，在项目策划上投入的时间将会大大节约项目实施时间，从而提高项目本身的效率和成功的可能性。根据志愿公益活动的特点，在志愿公益活动的策划过程中，应该遵循以下基本原则。

第一，目标导向原则。目标是每一个组织在未来特定时间内完成任务程度的标志。志愿公益活动的开展必须在一个明确的目标指引下完成。因此在策划之前，活动主办方应清楚此次策划是为了解决什么问题，问题的难易程度如何，并对服务对象进行定位。

第二，社会价值优先原则。社会价值优先原则是志愿公益活动策划选题的最基本原则，指在策划志愿公益活动时，应注重社会实践应用价值，不能以策划者主观意志和条件为转移。志愿公益活动是一项目的性、针对性很强的活动，选题策划作为志愿公益活动起点，必须符合志愿公益活动自身发展的需要，也必须符合实践应用的需要，有效地解决具体问题。

第三，科学性原则。志愿公益活动策划的科学性原则是指策划的志愿公益活动必须符合相关社会科学理论以及已经由实践证明过的社会科学规律，要有明确的指导思想和理论依据。因而，这就要求志愿公益活动策划有一定的理论和实践基础。从实践中直接选定的志愿公益活动，首先，要有可靠的事实依据、具有比较强的针对性和普遍性，减少受特殊的、个别的或偶然现象的影响或干扰，使之更容易透过现象揭示科学的本质规律。其次，志愿公益活动选题要具体、明确、范围不可求大，以避免活动范围界定模糊不清，缺乏针对性。最后，志愿公益活动选题指导思想要正确、科学，能纳入理论体系，经得起推敲。

第四，创新性原则。志愿公益活动策划产生的活动方案想要有生命力，则必须要有新意、独创性和突破性，这在很大程度上也体现了志愿公益活动策划创新的必要性和迫切性。在志愿公益活动策划中坚持创新性原则就是要遵循演化规律，把继承与创新结合，要尊重前人的成果，特别是经历史实践检验过的真理，在此基础上实现新的突破。

第五，可行性原则。志愿公益活动策划的可行性原则指确定志愿公益活动具备保证其能正常开展、取得预期成效的现实条件。现实条件可分为主客观两个方面，主观的现实条件主要是指策划者的创造能力与水平，如个人的知识结构、理论修养、实践经验和能力、责任心、价值观等。客观的现实条件包括保证活动顺利开展的资料、场地、设备、时间、人员配置、经费等。

综上所述，志愿公益活动策划的五项基本原则，不仅有其独立的指导意义，彼此之间也紧密相关、相辅相成、缺一不可，志愿组织在进行志愿公益活动策划时应予以综合考虑，争取获得最佳的策划效果。

（二）志愿公益活动策划的步骤和内容

志愿公益活动策划是开展志愿公益活动的基础，使人们可以明确每项活动如何进行，同时也是活动管理者进行决策的依据。一个完整的志愿公益活动策划包含"5W"和"1H"，具体如下。

What（what to do）——做什么？活动的内容是什么？

Who（who to do）——谁来做？参与活动的相关人员有哪些？

Why（why to do）——为什么做？进行该活动的原因是什么？

When（when to do）——何时做？活动开始和结束时间都是什么？

Where（where to do）——活动的实施地点在哪里？

How（how to do）——如何做？活动开展手段和措施是什么？

志愿公益活动的策划一般包括以下几个步骤。

1. 第一步——调查分析资料

这一阶段的工作是在活动策划之前进行的，是为志愿公益活动策划做准备。调查与分析是志愿公益活动策划的第一步，也是非常关键的一步，主要是了解当前相关的活动状况、所处社会环境，并根据组织优缺点来自我定位，明晰目前的公益服务需求。如果少了这一过程，那么之后的策划、实施甚至评估都可能犯方向性的错误。

2. 第二步——界定活动范围、确定活动目标

在调查分析相关资料之后，志愿公益活动策划的下一步是界定活动范围，明确活动要做什么、以及不能做什么。正确地界定活动范围非常重要，活动范围过大或过小都会影响活动效率和资源利用率，如活动费用增加、完成时间延长等。

每个好的志愿公益活动定义都包含以下内容：①活动要解决的问题是什么？②活动要达成什么样的目标？③为了完成活动目标需要怎么做？④如何对活动结果进行评估？⑤是否存在影响活动的风险或障碍？如果有，如何解决？

3. 第三步——确定活动的可行性

在策划志愿公益活动的时候，活动策划人员已经进行了初步的分析和论证，但还需要对活动进行进一步分析（张远凤，2012）。可行性分析是决策、项目策划书和项目实施的依据，如果在最初的估算中，活动成功概率较小，那么它就无法得到各方的支持，从而不能得以顺利实施。

衡量一个志愿公益活动能否成功，主要有以下五个标准：①时间——活动能否按时完成；②成本——活动有没有超过预算成本；③范围——活动是否达到了预期的志愿服务的目标或目标群；④质量——活动在多大程度上达到了志愿活动主体和客体的期望；⑤资源——活动是否妥善利用了内部和外部的资源。

4. 第四步——制定、修改活动策划方案

完成志愿公益活动的可行性分析后，就需要制订一份策划方案。志愿公益活动策划方案是直接向资助方提交的正式文件，其格式和内容与创业计划书相似，主要包含以下要素：封面，目录，策划书的主体部分（活动背景和依据、活动内容、执行计划、可能遇到的困难及拟解决办法、预算等），活动参与人员，合作者，预期成果。

（1）封面和目录。志愿公益活动名称一般在活动策划书的封面，此外，封面还应包含活动实施机构名称、地址、活动负责人及联系方式、活动策划书提交日期等。

（2）目录。目录一般按照章节顺序逐一排列每章大标题、每节小标题以及章节对应的页码，可以用计算机自动生成，显示至二级或者三级标题为宜。

（3）策划书主体部分。策划书的主体部分通常包括以下五方面内容：①活动背景和依据。主要阐述需求出现的历史、发展与现状，市场需求与供给分析，目前环境下能够支持该活动开展的理论和实践依据等。另外，活动意义主要是说明该活动的开展能够给受益人群带来怎样的变化，以及对社会的发展有何推动作用。②活动内容。包含活动的目标，以及如何实现目标等。③执行计划。主要介绍活动的进度安排，整个活动历时多久？主要分几个阶段，每个阶段要完成哪些内容等。④可能遇到的困难及拟解决办法。无论一个计划多么完美，都不能完全避免风险。活动组织者要对开展活动可能遇到的风险进行预估，并拟定解决办法，尽量地规避风险，或者为应对风险做好准备，从而在风险来临之时能够快速反应、减少损失。⑤预算。预算要与活动目标保持匹配，具有可量化性。一般情况下，活动预算包括设备费或设备租赁费、交通费、食宿费、资料费、管理费和其他费用等。

（4）活动参与人员。志愿公益活动参与人员应包括参与活动组织的主要负责人及其团队的相关信息，如专长、在活动中的职责、过往相关经历等。

（5）合作者。一般而言，志愿公益活动的开展离不开相关合作者的大力支持。活动合作者要根据活动类型进行选择，例如，政府组织的志愿服务西部活动，希望能够得到大学生的志愿参加，就要寻求高校进行合作。

（6）预期成果。预期成果即开展活动所期望能获得的成果，主要包括：活动进展情况、经费使用、结余情况等。一般情况下，活动结束之后，组织负责人会有一份活动成果报告，对活动的整个进行过程做出说明，为下一次活动的开展提供借鉴。

三、志愿公益活动的志愿者招募与活动评估

（一）志愿公益活动的志愿者招募

一个活动的完成往往需要大量人力资源，由于志愿公益活动通常只持续一段时间，社会组织的管理者不会为了一个特定活动而聘用大量员工，因此，招募志愿者便成了志愿公益活动实施中的重要环节。

能否招到合适的志愿者，并使志愿者纳入活动运作中，是一个活动成功与否的另一关键因素。开展志愿者招募主要包括如下工作。

1. 志愿者工作描述

工作描述是指对某一活动中志愿者所要服务的岗位及这些岗位所要从事的工作进行一系列描述，包括工作的名称、需要承担的义务、与岗位相关的酬劳安排、与其他岗位的关系以及岗位所需的资格，比如技能、知识、经验、个人态度等。

2. 开展志愿者招募

志愿者招募是为了吸引潜在的、适合工作岗位的志愿者。招募的类型主要有社会招募与学校招募。前者有范围广、影响大、招募人数众多等优点，但也存在鱼龙混杂、招募成本高、培训难度大等诸多弊端，这些不足可以通过在学校进行招募得以补充。

3. 确定参与活动人员

活动小组是从志愿者队伍中挑选合格者成立的活动团队，在活动负责人的直接领导下开展活动，活动小组具有以下几个特征。

（1）目的性。活动小组要完成某项特定任务，一般只承担与既定目标密切关联的任务。

（2）临时性。活动小组一般都是临时的，一个活动完成后小组就自行解散。

（3）团队性。活动小组是按照团队作业模式开展工作的，它不同于一般运营组织中的部门、机构的作业模式，尤其强调团队精神，这是活动运作成功的精神保障和关键之所在。

（4）灵活性。这是活动小组不同于其他组织的一方面。团队成员并不是固定的，会根据活动内容的变化，在人员数量和构成上随时做出调整。

（二）志愿公益活动的评估

一般而言，评估是评估主体对评估对象价值的评价和判断活动。对志

愿公益组织进行评估既有激励作用又有约束功能。当前我国各类民间志愿组织实施的志愿公益活动名目繁多，既有基金会、协会、学会、促进会、民办非企业单位开展的志愿公益活动，也有未登记或转登记的草根组织开展的志愿公益活动；既有扶贫类、教育类、妇女儿童类、残疾人口类志愿公益活动，也有环保类志愿公益活动。客观地说，这些志愿公益活动的实施对于缓解贫困、促进社会稳定与发展起了很大的作用。但是，不同民间组织实施的活动质量参差不齐，有的活动作用明显，有的则效果很差。志愿公益活动实施的好坏不仅关系到有关组织的生存与发展，而且也关系到整个公益部门的社会公信度和公民社会的发展。近年来，志愿公益活动效率低下、打着志愿公益活动的旗号为个人谋取私利等现象时有发生。这一方面与我国志愿公益活动实施的外部环境有关，另一方面也与民间组织内部管理制度不健全、管理不规范有关。解决这一问题的有效途径之一就是加强志愿公益活动的评估，通过评估促进民间组织的责任感与学习积极性提升，提高志愿公益活动的绩效。

志愿公益活动主要涉及如下几方面内容。

1. 志愿公益活动评估主体

志愿公益活动评估的动力来自外部和内部。外部动力主要来源于捐赠者，捐赠者特别是大额资金的捐赠者希望通过评估对活动的实施情况进行监督；内部动力主要来自公益组织自身，民间组织希望通过评估对社会有个交代，从而树立组织的形象，同时通过评估进一步改进和完善工作，达到活动设定的目标。

如果评估动力来自外部，评估主体往往是独立的第三方或捐赠者代表，即外部专家，但有时捐赠者也会要求执行机构提交自我评估报告；如果评估动力来自内部，评估主体则通常是民间组织内部的管理人员，但民间组织也会聘请外部专家进行评估，或者外部专家与内部管理人员一起进行评估。

根据评估者的来源，评估可以大致分为自我评估和外部专家评估两种类型。自我评估即志愿公益活动的实施者进行的内部自我评估，外部专家评估则是指捐赠者或实施机构聘请高校、科研单位或独立评估机构的外部专家进行的评估。

自我评估与外部专家评估各有利弊，如表5-2所示。公益组织应该根据具体的情况选择合适的评估主体，通过评估总结经验与教训，从而提高活动的绩效或为今后其他活动的实施提供借鉴。

表 5-2　自我评估与外部专家评估的区别

比较因素	自我评估	外部专家评估
评估结果	缺乏客观公正性，可信度低	公正客观，易为公众接受
评估方式	不够专业，日常事务多	评估专业，但对活动具体过程不够了解，时间仓促
评估成本	低，且能随时进行	比较高
评估结果的执行	容易	难以操作执行

2. 志愿公益活动评估时期

一些志愿公益组织的活动管理人员认为只有当活动结束之后，才有必要进行评估。事实上，评估不仅包括事后评估，也包括事前评估和中期评估。

事前评估是指活动开始实施之前所进行的评估，也称预评估，实际上是对活动可行性分析的评估。事前评估的结果一方面可以决定活动是否实施，另一方面事前评估取得的数据可以作为基准线，在活动完成后进行前后对比。目前，我国的民间组织对事前评估工作极不重视，大多数志愿公益活动都没有进行认真的事前评估工作，导致一些活动从一开始就存在很大的风险，甚至可能失败，而且在志愿公益活动执行过程中或结束后进行评估时也缺乏可对比的数据，从而难以反映志愿公益活动准确的绩效。

中期评估，也称过程评估，是指在活动开始后到完成前之间的任何一个时点进行的评估。它的目的在于检查活动的设计合理性和事前评估的质量，或评估实施过程中的重大变更及其影响，或诊断实施过程中的困难、问题，寻求对策与出路。其核心在于通过中期评估反映活动实施过程和实施方法是否与既定目标保持一致、是否有助于实现既定目标。

事后评估是在活动结束后，根据原目标和实际实施情况进行的全面、系统的评估。事后评估一般更容易为人理解和接受，因此，目前民间组织对事后评估工作相对更重视一些。

事前评估与事后评估除评估时点不同以外，在评估目的、依据、主体等方面也有所差异。事前评估的目的是确定活动是否可以立项，它是站在活动的起点，应用预测方法分析评价活动未来的效果和社会影响，以确定是否值得与可行；事后评估的目的是为了回顾总结，同时又对后续活动进行前景预测。事前评估的依据主要是历史资料和经验性资料，以及相关的行业标准等；事后评估的依据主要是活动的实际数据。此外，事前评估的主体主要是民间组织自身；事后评估的主体往往是外部专家，如独立的中介评估机构人员等。

3. 志愿公益活动评估内容

志愿公益活动评估的主要内容包括：活动策划评估、活动进程评估、活动成果评估、活动实施评估、活动管理评估、活动目标实现评估等。志愿公益活动进行评估后最终形成活动评估报告，评估报告的主要内容包括：摘要、活动概况、活动内外部影响因素、活动描述和分析、经验教训、最终结论和意见、评价意见说明、参考资料等。

现有评估方法一般针对活动绩效，活动绩效主要可以通过以下几个方面来衡量。

（1）一致性。活动的一致性包括三个方面：实施的活动是否与志愿组织的使命相一致；实施的活动是否与目标群体的需求或认知价值相一致；实施的活动是否是对目标群体的需求及时回应。

（2）有效性。组织开展志愿公益活动，会以恰当的方式获得它所期望的结果和影响，并使之产生"效率"和"效果"。效率包括活动的单位成本或成本效益如何、是否有利于技术和知识的扩散、是否节约时间等；效果是指活动的实际结果达到或者实现预期目标的程度，包括绝对量和相对比例两个方面。

（3）满意度。满意度是指被服务者感受到的服务质量达到其期望值的程度，包括提供的服务是否达到行业的标准、服务态度是否热情有礼、民间组织及其工作人员（包括志愿者）是否值得信赖、是否能够尊重被服务者的隐私等。一般来说，如果志愿公益活动的目的是为某个目标群体提供服务，并且目标群体可以判断他们所获得福利的质量和价值，那么满意度可以用来作为一个评价维度。

（4）社会影响。社会影响是指从为社会提供服务的角度，评价活动结果对社会和经济生活产生的长远影响，如对就业、民族关系、生态环境等问题的影响。通常志愿公益活动的社会影响比较难测量，因为其中往往还包括许多非活动影响因素，如宏观经济形势的好转、整个地区社会经济的发展等。

（5）可持续性。持续性是指活动结果的可重复性和可持续性，即活动完成后，该活动积极结果的持久性，包括静态持续性和动态持续性两个方面。静态持续性指在已完成的活动的推动下，相同的利益持续流向相同的目标群体。动态持续性指最初的目标群体或其他群体把活动的成果推广到不同的背景或变化的环境中。

第三节　创新创业教育融入思政教育 内容建设 "行走课堂"

创造，是人类语言中最有魅力的词汇。

创造是人类最美好的行为，是推动人类文明历史向前的最重要、最高尚的行为。

人类社会的文明史，就是一部创造发明史。席卷全球的技术、经济竞争，与其说是人才的竞争，不如说是人才创造力的竞争。我国在这场竞争中的最大优势，在于拥有世界上数量最大的人力资源，如果全民族创造力得以开发，中华民族必将永远立于不败之地。在许多人的印象中创造是那些在人类历史上留下浓墨重彩一笔的伟大人物的事情。事实上，对于普通人来说，创造不仅是可能而且是十分重要的。掌握创造创新知识，是现代社会对每一个人的要求，对于高校在校大学生更是必不可少的教学内容。

在创新创业教育中融入马克思主义哲学思想是提高创新创业教育理论高度和水平的重要手段，在具体的教学实践中，笔者从如下几个方面进行了探索。

一、结合破解传统观点认识的误区融入马克思主义哲学思想

马克思主义原理课程是本科生思想政治理论课中比较难的一门，借助创造创新教育可以进一步帮助学生理解马克思主义哲学原理。

在开始对大学生进行创造创新教育之前，对传统观点中关于创造认识进行分析十分必要，也为进一步讲解哲学原理创造了机会。在传统的观点中有一种观点认为：创造是一种天赋，无法教授。这种观点的最大作用就是可以使人认为创造力开发是没有意义的。然而，古今中外种种成功的例子证明了这种观点的局限性。但是，这种观点的支持者仍然会从一些在人

类历史上做出卓越贡献的创造型天才，尤其是那些在自己擅长领域中作用突出的成功者的例子中找到佐证。莫扎特、爱因斯坦或米开朗基罗都成为他们的好例子。进而说明对人类历史产生重大影响的天才们是没法制造的。

数学能力、艺术表达能力乃至运动天赋都有各种有用的级别，即使在缺少天才的时候也是如此。就像一组人参加百米比赛。发令枪响后，比赛开始。必然有的人跑得最快，有的人跑得最慢。他们在比赛中的表现依赖于天生的奔跑能力。现在，假设有人发明了自行车，并让所有赛跑者进行训练。比赛改为自行车比赛再次开始。每个人都比以前运动得更快。但是，有的人仍然跑得最快，有的人仍然跑得最慢。

如果我们不为提高人类的创造力做任何努力，显然个体的创造能力只能依靠天赋。但如果我们为被训练者提供有效和系统的训练方法，我们就可以提高创新能力的总体水平。有的人仍然比其他人好，但每个人都可以学会创造技能，提高自己创造性解决问题的能力。"天赋"和"训练"之间根本不存在矛盾。每位教练员或教师都会强调这一点。

事实上，学习创造学理论与方法和学习其他知识之间没有什么区别。一方面，教学可以将人们培训成有创造能力的人，另一方面，受教育者已有的天赋可以通过训练来提高。因此，可以认为"创造无法学会"的观点现在已经站不住脚了。创造力具有"可教性"和"不可教性"。天赋是无法训练的，但训练可以激发潜能。也许创造教育工作者不可能训练出天才，但是有很多有用的创造并不是天才的功劳，要提高全民的能力，创造教育工作必不可少。

在马克思主义哲学中，实践是人的生存方式。庞元正和董德刚在《马克思主义哲学前沿问题研究》一书中指出："实践活动是创新性与常规性的统一，从实践的内容与形式、目的与手段、过程与结果等方面看，与原有实践具有同质性和重复性的是常规性实践，而具有异质性和突破性的就是创造性实践。"

人类的创造创新活动是人类活动中的典型形式，既然如此，创造创新活动属于实践范畴，而实践活动是认识的基础，也就是可以学习的。这就为前述的案例找到了理论依据，也帮助学生理解马克思主义哲学原理的价值。两种不同性质的实践恰好代表着过去和将来，他们以现在为契合点，一个执着于未来，一个坚守于历史，构成人类生存的张力。

在传统的观点中另一种观点认为：创造来自传统观点格格不入的思想。有许多创造是在打破旧有观点、观念基础上实现的，有的人就会产生这一观点。而且，这一观点也很容易在生活中找到佐证。因为，在学校里许多成绩优秀的学生似乎属于循规蹈矩派。而在实际工作中有所创造的人往往在学校读书时成绩不佳。有创造性贡献的人必然拥有与传统观点有差异的观点，但是，没有前人的积累，有创造价值的观点，又从哪里来呢？难道是从天上掉下来的吗？没有旧有的事物作基础，任何新事物都无法产生，创造本身就是一个辩证否定的过程。批判地继承绝不等于全面打倒，与传统观点有差异更不等同于与传统观点格格不入。

创造创新活动主要表现为实践活动本身的创造性和进取性，正如马克思在《德意志意识形态》中所说："已经得到满足的第一个需要本身、满足需要的活动和已经获得的为满足需要而用的工具又引起新的需要。"人类不断以前人的实践成果为基础进行创造创新活动，这是人类科学技术发展的规律，也是人类进步的必由之路。

在传统的观点还有一种观点认为：有创造力的人往往在右脑/左脑的使用习惯和开发上有一种明显的倾向性。于是，就产生了左脑或右脑主动性的观点。这种观点进而认为：左脑是大脑中"受过教育的"部分，识别和处理语言、信号，按我们已知的事物应该存在的方式来看待事物。右脑是未受教育的"无知"的部分，因此，在与绘画、音乐之类有关的事中，右脑单纯无知地看待事物。你可以画出事物本来的、真实的面目，而不是按你臆想的来画。右脑可以允许你有更完整的视图，而不是一点一点地构造事物。于是，在提到创造性思维时，这种观点认为，创造只发生在右脑；为了具有创造性，我们所需要做的就是停止左脑思考，开始使用右脑。

事实上，所有这些事都有其价值，但当我们涉及关于改变概念和认知的创造时，我们别无选择，只能也使用左脑，因为这是概念和认知形成和存放的地方。通过PET（Positron Emission Tomography，正电子发射断层成像）扫描，有可能看出在任何给定的时刻，大脑的哪一部分在工作。在胶片上捕获到的放射线的闪光表明了大脑的活动。可以很清楚地看到，当一个人在进行创造性的思考时，左右脑会同时处于兴奋状态。这正是人们所期望的。

马克思主义哲学认为：世界是普遍联系的，如果割裂事物之间的联系对于世界的认识就不全面，综合考察所有认识对象才能全面认识事物本质。左右脑开发就体现出这种思想。

有关创造力开发的误解很多，比较典型的、值得注意的是上述三种观点。

对于如何认识创造的本质的问题，笔者根据一些学者的理论观点，产生一个不成熟的想法，权且称之为 "问题反动论"，或者 "刺激论" "问题引导论"。

其实，就广义的创造理念而言，创造的本身就是创造性地提出问题和创造性地解决问题，是根据要解决的问题所确定的目的和任务，运用一切已知条件，产生出新颖、有价值的成果（精神成果、社会成果和物质成果）的认知和行为活动。如果我们不苛求 "创造性" 的定性来对待 "问题"，则 "问题" 将随时随地出现在每个人的生活与工作之中；问题以其 "反动" 作用（即反作用）阻碍了人的生活与工作的前进脚步。因而除去那些循规蹈矩、随遇而安的人对 "问题" 无动于衷之外，每个人都必须面对问题、解决问题；在解决问题之中就蕴含着不同程度的创造机理和创造成果。既然生活与工作之中出现 "问题" 是必然的；因而每个人都必须承担解决问题的任务。针对个人环境和条件，每个人都在从事 "创造性" 工作，因而每个人也都具有不同程度的创造能力。"创造" 与 "创造力" 对生活与工作中的人既然具有普遍性，因而也就必然存在 "可教性"。

树立问题意识还有利于，用马克思主义哲学思想去正确理解和认识假象。在人工、人为领域，人们有时更会故意制造能迷惑人的假象，如军队战士穿的迷彩服和在武器装备上涂的迷彩色，人们被假象迷惑的事情更是经常发生，这也是实事求是的困难所在。又例如，有的贪污腐败分子会表现出勤勤恳恳、艰苦朴素、平易近人的样子，使人们暂时看不清他的真面目，但时间一长，则总要暴露真相，我们不必为他们的伪装过分忧虑。而且，人们的认识能力、认识水平和认识方法还会不断提高，认识手段还会不断强化，一切伪装都不可能永远保持下去。

二、用马克思主义哲学理解生产实践系统的演化

全面系统地看问题是马克思主义哲学的重要原理，生产实践是创新创业的基础，用正确的哲学思想看待生产实践系统的演化是提高创新创业者哲学素养的有效途径。

　　一个产品或物体都是生产实践系统的产物。系统由多个子系统组成，子系统由零件、部件、甚至元素构成，并通过子系统原理结构的相互作用来实现一定的功能。以大系统观论，系统处于超系统之中，超系统是系统所在的环境，环境中其他相关系统可以看作超系统的构成部分。

　　生产实践系统的进化是指实现系统功能的技术从低级向高级变化的过程，不管客观规律是否已经被创新者所认识，进化都必须遵循客观规律进行的。认识和掌握系统进化的客观规律将有利于生产实践系统的进步，以提高生产实践系统水平和产品的开发能力，提升产品的竞争力。

　　生产实践系统的进化决定于其自身的成长、变异和环境的选择。环境变化改善了系统功能建构的基础条件和需求应用范围，对系统的进化，影响更为显著。任何系统的进化机制可以归结为正、负反馈的某种往复循环过程，正反馈是系统变异产出的条件，而负反馈是系统变异稳定的条件，只有通过"正反馈—自生成"和"负反馈—自稳定"反复循环，系统的变异才能经选择而稳定存续下来。这一点也支持了系统是循序渐变进化的理论。生产实践系统进化的逻辑结构主要决定于其内部各子系统之间的相互作用，也受更大系统环境内外相互作用的影响。相关事物之间不平衡是常态，平衡是趋向。工艺进化也就在子系统间或大系统环境的相关关系和条件作用下，在平衡与不平衡间循环变动，螺旋上升以形成生产实践系统的进化。

（一）生产实践系统进化过程

　　生产实践系统的进化规律是由创新者所掌握的工艺特点及生产实践系统本质特性所决定的，并贯彻其发展进程的始终，有总结过去指引未来的双重作用。生产实践系统的进化受到客观环境的制约和人的主观能动性的影响，形成循序变化和突变两种机制，但是其演化机理是客观的，也是不以人的意志为转移的。因此，深入了解生产实践系统进化的理论与规则，是从事创造与创新活动不可或缺也不可回避的问题。

　　通过生物进化与生产工艺进化法则的类比，可以认识到生物进化是通过遗传变异和自然选择进行的。基因变异是进化本体的内部因素，而自然环境则是影响进化的外部因素。生物进化当然也包括人类的进化。生产工艺是人类征服和改造自然最基本，也是最重要的手段之一。生产工艺进化，也同样存在内部和外部两方面的影响因素，并可以划分为主观和客观两方面，客观的外部环境包括自然环境和已参与了主观因素的社会环境，客观的内部因素则是事物的自然特性和科学规律。主观因素则是社会的基本需求与人的主观意识和直接参与。这种人的参与，既表现为生产工艺的进化形式也表现为生物的改良和异变。下面将就生产实践系统中的进化法则进行分析。

1. 以功能为基础的生产实践系统演化

生产实践系统的存在以需求功能为目的。功能的实现过程必须符合自然规律，也即得到了科学原理的支持。系统的功能原理是客观存在的，并不以人们是否已经认识到这种原理的内涵为存在条件。违反科学原理的系统功能是不可能实现的——如永动机。因此，可以认为系统功能原理是系统演化的基础。

钻木取火与轮子应用是人类科学史具有重要意义的两项活动。也展现了科学原理——功能原理应用的典型事例，作为"縻母"的技能演化进程。

发现"天火"造就的熟食和用火是人类文明史上重要的里程碑，当自然火保存火种的方式已无法满足生存的需求时，掌握取火技术便成了当务之急。在生产劳动实践中，人类得以掌握"钻木"与"撞击"两项取火技能。

钻木（以木钻石或钻木）的原理是摩擦生热（物理原理）和可燃物质达到燃点后自燃（化学原理）两项科学原理的融合。木材通过摩擦力转化的热能，首先碳化降低燃点，并在热量达到燃点后燃烧，达到了取火的功能。

火柴的发明改变了几千年的取火方式，其进化表现为摩擦表面与可燃物质的改变——用不同颗粒度的砂纸取代了木材（或石块），而对应的摩擦兼易燃物用黏结有易燃的磷、硫黄、石蜡的细木材杆（一般为白桦）所取代。取火技术的基本功能原理并没有改变，足以彰显取火技能演化的"縻母"特征。安全火柴则是以磷（红磷）砂纸取代了石质砂纸，实现易燃物的结构转移，以避免了一般火柴在粗糙表面均可取火的安全隐患。

以冲击力为能量转化媒介使物质自燃的取火功能原理与取火方式的技术，也是使用比较久远的一种生产实践系统。其原始的技术过程是以石块击打燧石（俗称火石）或含有燧石成分的石头来实现取火功能的。燧石中含有稀土元素铈、镧等属于易燃金属，在冲击力作用下产生碎屑；因其比表面很大，与空气接触即可燃烧并释放出大量热量——即火花及颗粒达到高温炽热状态，迸出的火花点燃易燃物达到取火功能。冲击取火技术是沿用比较久远的一种取火技术，直至火柴出现前，也在不断地演化，最早的演化方式是铁刀取代了石头以增加打击力强度和耐磨性，并以碳化棉（火绒）作为易燃物以降低燃点取火更为容易。

打火机作为一项实用的取火产品，采用有齿摩擦轮使燧石颗粒更加细化、易燃，而燧石也被人造燧石所取代，增加了稀土金属的含量，更易于火花的产生和集聚；易燃物则使用燃点更低的汽油、燃气，实现了取火的现代化。然而，必须指出打火机取火的基本功能原理并没有改变，只是通过分功能的演化与科学化，提高了取火的技术含量与质量，提高了功能效率。

所以，原理不变，工具和技能进步是生产实践的重要途径。

轮子乃至与轮子技术相关产生的车的应用是人类历史上又一项重要进步，也是科学原理应用推动工艺进步的典型案例。

轮子的应用是从古保持至今的一项技能，已有6000余年历史。通过实践中的认识和经验总结，使轮子的应用进一步扩大，主要有三个方向：即行走机械、动力机械与加工机械。

古人移动重物是在支撑面上用人力直接拖曳完成的，滑动的摩擦力过大，费时、费力、功效也太低。在重物下垫上圆木（滚杠），由滑动摩擦转变为滚动摩擦，不仅省力，"功效"也大为提高。最早的滚动技术是一根根整体的圆木（滚杠），虽然起到减少阻力的作用，但也出现圆木直径小，大圆木使用不方便等矛盾。将大型圆木锯成饼形，便成为轮子的雏形。把两个轮子中心掏空，中间穿上细一点的圆木轴，代替滚杠进一步达到省力、便捷的目的。在轴上装上平板则成为"车"。这也就成为轮子作为实用技术的起源。考古学家发现表明，约公元前4000年有轮子的运输工具（车）在美索不达米亚平原被发明，在很短的时间内便得到迅速传播。人力车、畜力车用于战争、运输长达近6000年，直至生产出汽车、火车，而轮子的功能基本是一致的，这不能不说是技术历史的奇迹。

轮子滚动是通过外力（推或拉）与支撑面（地面等）的滚动阻力形成的作用转矩实现轮子滚动的，是以基本力学原理为技术基础的。如果引用"縻母"概念轮子的性状——形状才是"縻母"，是技术进化的"根本"；至于轮子的尺寸、结构，则是系统结构的问题，仍然在不断进化之中。

轮子的结构进化引起性能的变化，而与车厢的结构变动的相关性并不十分重要。

例证表明应用同种功能原理的生产实践系统，由于外界自然条件、工艺条件、新知识、工具的产生等需求环境和需求欲望的变化，生产实践系统也在不断地演化。具体有以下几种方式。

第一，系统（子系统）结构的改进、完善促进生产实践系统的演化。车轮子自身的结构演化更为明了和直接。最原始的轮子为整体切断的圆木制成，不仅笨重而且不圆，使用功能和性能受到影响。为了使用需求，轮子的结构首先由整体轮改进为拼装轮，使圆度得到改进，对原材料的选择也得到较大的适应性。轮子（车轮）进一步进化为组合结构：由轮毂、轮缘、轮辐（含辐条幅板）组装而成，增强轮毂强度的同时也起到减重作用。随着新材料新技术的产生，轮毂内嵌装了金属套并在轮轴嵌入金属条（间断、均匀分布），演化为初级滑动轮承，继而为滚动轴承所替代。而轮辋结构中首先在轮辋表面加装了金属辋，增加了轮辋强度和耐磨性。随着橡胶材料的使用，金属辋为胶车胎和充气胶车胎取代，完善了车轮结构，也增加了轮子附着性（轮表面有花纹）耐磨性和减震性。

上述例证显示了单一功能基本结构随需求、材料、工艺等环境条件变化而产生相应的进化。在复杂的生产实践系统中，由更复杂的结构变化而带来的功能性提高与进化，也是一种较为普遍的生产方式进化形式。

第二，生产实践系统材料替代、促进的生产实践系统演化。随着生产与科学技术的发展，新材料层出不穷。作为系统输入的物理材料的替代，使系统功能的性质、效能不断地改善与提高，是生产实践系统演化的又一种形式。打火机在系统原理不变的情况下以天然气取代碳化棉乃至汽油，使取火技术由低级步入高级；以橡胶充气轮胎替代钢性轮胎不仅提高了附着力、驱动性，也改善了车的减震性，并为提高车速创造了良好的条件。上述变化自然也带动了生产实践技能的进步。

第三，先进的工艺性是促进系统演化的又一项重要原因。一个切实可行的科技原理和接近完美的结构设计要实现系统的良好功能，必须以先进的生产工艺为依托，由能工巧匠实施才能实现和不断地向高层次演化。

例如，前面例中的打火机的小型化、便捷化就需要储气机体和出气口的密封，操纵打火、喷气协调问题都须有精密加工的工艺保证，这些都要有创新者去实现。再如，有时汽车行驶中，风阻占动力消耗的 50%～70%（随速度变化而变化），减少风阻需要流线型等良好的造型，这并非只由车身设计所决定。好的造型，必须良好的冲压工艺为依托和保证，只有掌握先进的工艺技术，才能保证车辆生产实践系统不断的优化、推陈出新。

第四，子系统进步引起的生产实践系统演化。生产实践系统功能原理与主体功能结构的不变的情况下，对个别子系统的功能原理与结构的改变是生产方式进步的又一条可行的途径。比如在汽车传动系统子系统中采用液力变矩器与行星变速系统取代机械离合器与分级有机齿轮变速即可减少变速时的冲击与操纵的复杂程度，无疑是汽车系统制造有效演化进程。

2. 技术转移中的生产实践系统演化过程

一个生产实践系统的进步与完善都是有目的、有针对性的，一般限于一定的领域甚至一个相对较小的应用范围。所谓技术转移是根据系统日趋完善的功能及其结构直接或稍稍改动、调整应用其他领域发挥功能作用并继续发展的一种生产实践系统演化方式。技术转移是在人的主观参与引导下进行的，是建立在对客观环境的观察证实与实践经验基础上。生产实践系统转移演化有以下三种主要方式。

（1）产品功能演化。产品进化与生物进化最大的不同点在于产品进化有人的主观参与和引导，而人的主观参与引导并非异想天开，而是建立在对客观环境的观察认识所积累的知识与经验基础上的。以轮子为例，产品功能演化主要表现为以下两种形式。

一是作为动力转换的轮子"功能"的演化。从表5-3可以看到加任何一种外力都可以使轮机转动。例如，流水是一种自然动力，水轮也就成为轮子的另一种生产实践系统结构，而其功能却是实现动力的传递。水轮是在轮辐边缘固定叶片的一种结构，通过流水的功能冲击叶片使轮子转动，并由轮轴输出转矩以带动其他机械系统做功。水轮也是一项古老的工具，水轮的异变体现在叶轮及叶片结构改变、外动力介质性能改变等方面，并由叶轮不同结构与不同动力介质的组合产生纵横向进一步演化。

表 5-3 外力与轮机转动的关系

轮 机	动 力	轮 机	动 力
水轮机、水力叶轮机	水动力	涡轮喷气发动机、内燃油涡轮机	燃油动力
蒸汽涡轮机	蒸汽动力	风车	空气动力

二是作为加工技术"轮子结构功能"的演化。轮子的旋转运动特性，作为加工系统首先应用于陶瓷器具（毛坯）成形，这也是一项古老的工艺。陶土毛坯在轮上同轮子一起旋转产出径向（轮子经向）离心力，操作者用手对泥坯施加适当的作用力，同时向上沿着预定陶制器具形状（母线轨迹）移动制成毛坯，经烧制而成陶器。这种应用于陶、瓷制品的旋转制坯技能一直被沿用到现在。按照器具基本成形原理制坯转轮逐步演化为木工旋床、金属加工机床。

（2）工具结构演化。成熟的结构，无论是元素还是组件都有其相广泛的应用范围，如轴、曲轴、偏心轴、凸轮轴、曲柄连杆机构、偏心连杆机构等都在转移技术领域发挥有效的功能效用。这便是技术结构演化的现实反映。轮子的单体应用于动力的传动工具，也在不断地进化，由最早应用于中间传动的绳轮、圆柱形齿轮，如图5-1的牛转翻车，发展为皮带轮、链轮、齿轮等，也体现了技术进化的多样性。

（3）生产实践系统功能扩展演化。一些生产工具系统是为某些生产实践目标研制开发，并经实践所验证成为经典的生产工具，如各类机床、粉碎机等。随着人类生产生活的需求范围扩展，将典型的生产实践工具稍稍改进即可演化为适应其他领域的生产实践系统。如根据机床"球"加工技术与套技术制成苹果削皮制瓣机。根据粉碎搅拌技术研制的家庭用豆浆机、搅拌机等均使原有生产实践系统实现了扩展演化。

（二）生产实践系统进化的基本原则

生产实践系统进化过程中，创新者有时可以通过生产技能和工具进化实现生产技能的提高。这个过程中应当关注如下的基本原则。

1. 生产技能进化中的自我增长原则

生产技能本身是为满足社会需求用以改造自然（含人工自然）的重要手段。而对于具体技能也有明确的需求，两者各自需求的目的是有区别的。社会需求通常是原则性的、定性的，掌握生产技能目的则是具体的、明确的甚至是有定量指标的。生产实践的目的与生产技能之间存在矛盾是客观的必然。

技能的发育有其内在的根据和机制，因此创新者是原动者，创新者技能的自我增长决定于内在矛盾机制。内在矛盾主要表现为生产目的与手段的矛盾、继承与创造的矛盾、结构与功能的矛盾、专门化与综合的矛盾、规范与实践的矛盾等，这些内部矛盾也就构成了创新者技能发展和进步的

图 5-1　牛转翻车

图片来源：宋应星. 天工开物［M］. 沈阳：万卷出版公司. 2008.

原动力。对于生产技能发展进化，生产目的与生产手段等相互作用相互转化导致了创新者生产技能本身的自我增长。

应用这一法则促进生产提升应注意以下问题：一方面，生产目的不能脱离生产手段，两者必须相互依存相互制约。另一方面，生产目的的合理性、可行性与生产手段的完善性有效性互为依存。

2. 进化的连续性原则

生产实践的本质是根据需求完成某种功能。当需求功能不变的情况下，随着环境及需求品质要求的不断提高，生产实践系统进化则保持连续的变化过程。在满足基本功能的情况下不断提高品质，而产生连续性的进化过程。

如锤子是用来粉碎（脆性物）和锻打（韧性物）的，以使被作用物体产生整体变形（尺寸或性状改变），这一过程中是用冲击力来实现系统功能的。古人最早使用石锤，为了增加打击力，改造为加柄石锤；当有了金属材料后，石锤进化为金属（铜、铁）锤，为了适应不同的打击需求，在锤部头的结构发生了性状变化。锤的进一步发展是由机械动力、流体动力代替了人力操作，演进为由偏心轴、曲轴带动的机械锤，以及由高压空气或蒸汽为动力的空气锤和蒸汽锤。

3. 创新者所使用的工具进化的多样性原则

如果说进化的连续是根据科技的进步、功能的需求提出更高的要求，使生产实践所使用的工具向复杂、高效发展；进化的多样性则根据需求的广泛性，向适应性与专业化发展和进化，反映了同类系统近似功能类型应用多种技能的发展趋势。

工具的多样性可分为纵向和横向两种进化趋势。现以运输生产实践系统这样一个庞大的体系来说明。

运输生产实践系统其基本功能是运送人和物，早期运输只有水上和陆地两种运输方式。运输工具可以包括人、畜力、车辆、船舶，原动力除人力、畜力外尚有风力、水力。随着科学技术的发展又出现了火车与飞机，原动力机也逐步为蒸汽机、内燃机、电动机、燃气轮机所取代，先进的磁悬浮列车采用的则是先进的电磁原理。这也是车辆原理一次质的突变。运输生产实践系统作用力分析如表5-4所示。

表5-4　运输生产实践系统作用力分析

项　目	汽　车	火　车	船　舶	飞　机
支持力	地面支持力	地面—铁轨支持力	水浮力	空气举升力
阻　力	地面阻力、空气阻力	铁轨阻力、空气阻力	水阻力、空气阻力	空气阻力
驱动方式	电动机、内燃机	蒸汽机、电动机、内燃机	蒸汽、内燃机，风力（帆）水力（桨、橹）	内燃机、涡轮喷气机

环境对系统的共同作用包括支持力、支持面阻力和空气阻力，为系统在保证适应环境的同时达到行进的目的，这就要求系统具有相应的特性与功能。以船舶为例可以概略表述：制成中空适型结构（一般为流线型），利用水的浮力浮于水面，在桨、橹、帆、轮机驱动下，在水面上沿纵向前进实现运送人或物的功能。而船舶具体样式的差异，也对使用者提出不同的操作技能要求。

三、理解"洋为中用"促进创新创业活动的价值

在全球一体化的时代研究创新、推动创新，就研究中国与世界关系，把其他国家的先进理念、知识、技术、方法应用到中国的创新中去，这就是"洋为中用"。要实现"洋为中用"推动创新，就要正确理解"洋为中用"的内涵，分析"洋为中用"的应用范畴，这是对于大学生"三观"的要求。

1964年，就读于中央音乐学院音乐学系的二年级学生陈莲，关心国家大事，思考一个问题：京剧界出现了前所未有的新气象，走在了文艺革命的前列，音乐界怎么办呢？基于思考陈莲给毛泽东主席写了一封信，反映学院存在的问题和自己的看法。希望音乐教育也要革命化，跟上这热气腾腾的新形势。

陈莲这封信发出后，中共中央办公厅秘书室将信的内容摘要，刊登在1964年9月16日编印的《群众反映》第79期上，题目是《对中央音乐学院的意见》。毛泽东主席从这期刊物上看到陈莲信的摘要，认为正符合他当时领导的社会主义教育运动的大方向。9月27日，毛泽东主席决定将这封信反映的问题，批给当时主管意识形态的陆定一去办理，并在这个刊物的空白处给时任中央书记处书记、中宣部部长陆定一写了下面这段批示文字。

定一同志：

此件请一阅。信是写得好的，问题是应该解决的。但应采取征求群众意见的方法，在教师、学生中先行讨论，收集意见。

古为今用，洋为中用。

九月二十七日

毛泽东主席关于陈莲来信摘要的批示是目前从文献资料上可以见到的最早的关于"洋为中用"的表述。这里所谓"洋"一般泛指外国的，外国

来的。因此,"洋为中用"意思是指批判地吸收外国文化中一切有益的东西,为我所用。

在面对"洋为中用"的理念的时候,人们往往会首先想到另外一个观点——"中体西用"。"中体西用"是"中学为体,西学为用"一语的缩词,是洋务派思想家与实践者对待中西文化的总原则。甚至有人认为这两种观点有很多相似之处。因为,两者都强调了"中"这个主体的作用,不同在于论述所处的时代和阶级立场不同。

笔者认为,除了时代和阶级立场不同,两者还有一个差异就在于"西"和"洋"的区别,"中体西用"中的"西"指的是所谓"西学",也就是西方的科学体系;而"洋为中用"的"洋"可以泛指一切外国的、外国来的事物,这里就蕴含着两层含义:第一层含义,这里的"洋"不仅包括科学技术,也包括一切可以为中国发展所用的先进理念、知识、技术、方法;第二层含义,这里的"洋"不仅包括西方国家,也包括一切国家。

不仅如此,"洋为中用"与"中体西用"另一个重大区别,在于两者对于外来事物的接受程度。

"中体西用"坚持"中体"也就是"中学为体"。这里的"中学"指以三纲八目,即明明德、亲民、止于至善,格物、致知、诚意、正心、修身、齐家、治国、平天下为核心的儒家学说。相对应,"西学"指近代传入中国的自然科学和商务、教育、外贸、万国公法等社会科学。它主张在维护清王朝封建统治的基础上,采用西方造船炮、修铁路、开矿山、架电线等自然科学技术,以及文化教育方面的具体办法来挽救统治危机。

"洋为中用"则是在不放弃中国传统优秀文化的同时,吸收一切国家的所有优秀可用的事物,而不是在思想领域抱着中国传统,一点也不借鉴和引进外来优秀事物。中国选择了马克思主义思想,并把马克思主义思想与中国具体实践相结合实现的历史性飞跃,本身就是意义重大创新。

对于人类而言,不论是整体还是单一的个体都是一个系统;人类所处的自然界也是系统,科学技术体系则是人类建立起来的系统;创造创新活动更无法抛开系统而实现,研究系统与系统观思维是揭示系统理论本质的关键,也是开展创造创新活动的基础。

系统是由若干可以相互区别(独立)、相互联系而又相互作用的元素组成,在一定层次结构中分布,在给定的环境约束下,为达到整体目的而存在的有机集合体。

系统本身往往又是它所从属的一个更大系统的组成部分。由于系统概念是逐步形成的，并且对系统的认识也还没有结束，系统的概念还在发展。对系统概念的理解应持发展的观点。因此，用系统理念理解"洋为中用"必须从以下几方面去考虑。

首先，系统必须由两个或两个以上的要素组成。要素是构成系统最基本单位，因而也是系统存在的基础，系统离开了要素就不能称其为系统。构成系统的要素随系统的不同而不同，要素的多少是由系统的复杂程序所决定的。在世界这个系统中，"洋"与"中"就是系统的两个组成要素。

其次，系统是按一定方式结合的有机整体。系统整体与要素、要素与要素、整体与环境之间，存在着相互作用和相互联系的机制。例如，钟表是由齿轮、发条、指针装配而成的，但随便把一堆齿轮、发条、指针放在一起不能构成钟表，必须按一定的结合关系装配起来才行。同样，"洋"与"中"也是相互作用和相互联系的两对矛盾关系。

最后，任何系统都有特定的功能，是整体具有且不同于各个组成要素的新功能。这种新功能是系统内部有机联系的要素，以及系统以整体方式和系统环境之间相互作用所决定的。我国古代谚语说："三个臭皮匠，顶个诸葛亮。"说的是几个普通人组织起来集思广益的集体智慧是惊人的。但还有谚语说："一个和尚挑水吃，两个和尚抬水吃，三个和尚没水吃。"一正一反的例子恰恰说明，系统如何来组织以满足特定的系统功能是系统发挥最大作用的关键。

任何事物都是系统和要素的对立统一体，系统与要素的对立统一是客观事物的本质属性和存在方式，它们相互依存、互为条件，在事物的运动和变化中，系统和要素总是相互伴随而产生，相互作用而变化。

1992年年初邓小平视察南方，在发表南方谈话时提出著名的"三个有利于"的论述，成为中国改革开放的指导思想。"洋为中用"理念中的"洋"恰恰体现出系统的综合性，"洋为中用"思想时刻提醒着创新者，只要是好的、正确的都是可以引进的。中国把马克思主义思想确立为指导思想，就是因为马克思主义思想符合中国国情、符合三个有利于。而实现马克思主义中国化，恰恰是"洋为中用"不断创新的表现。

从根本上说人类社会是从自然界发展起来，属于自然界的部分。但从另一个角度，在社会的生产活动中，自然界又是人类开发的对象，它又"隶属"于人类社会。表面看来自然界与人类社会是你中有我、我中有你的镶嵌关系，而实质上应当区分的两种"自然界"的概念。包括人类社会和人类自身的自然界，可称为"广义的自然界"；而作为人类开发对象的自然界范围较为狭隘，称为"狭义的自然界"。逻辑上狭义的自然界不应包括人类自身，而是人类的生存环境。虽然有时也说人类的自我开发，如智力、能力、体力等，尤其是"智力"开发，本质上是发展，和向自然界索取性开发，如开采矿产等，意义是不同的。狭义的自然界，不等于已开发的自然界，而是"要开发"的自然界，如海洋、宇宙空间等。

因此，"洋为中用"也就必然与上述内容的全部范畴密切相关。在确立正确的指导思想不动摇的前提下，"洋为中用"理念就可以为促进创新、推动国家各项事业发展做出贡献。

一个国家的发展需要技术，不断引进新技术并在此基础上进行创新实现技术进步是一个在技术上落后的国家崛起的必由之路。这样，"模仿创新"就成为后发展国家和企业的必然选择，于是学者施培公先生（1992）对"模仿创新"给出如下定义："模仿创新是指企业以率先创新者的创新思路和创新行为为榜样，并以其创新产品为示范，跟随率先者的足迹，充分吸取率先者成功的经验和失败的教训，通过引进购买或反求破译等手段吸收和掌握率先创新的核心技术和技术秘密，并在此基础上对率先创新进行改进和完善，进一步开发和生产富有竞争力的产品，参与竞争的一种渐进性创新活动。简单地讲，模仿创新是后发者的创新。"

沿着模仿创新具体思路可以实现企业的发展。施培公先生（1992）这样论述："模仿创新的例子比比皆是，如家用磁带录像机是由索尼公司于1975年率先推向市场的，当松下公司意识到家用录像机巨大的市场潜力后，马上组织力量对索尼的 Betamax 牌录像机的结构造型、功能原理、工艺材料及其他技术参数进行全面剖析，并从中找出关键性的毛病：录像容量小，放映时间短。松下公司对此产品进行了模仿和进一步开发，不仅加大了放映时间容量，提高了性能，更使机型趋于小型化，并且在价格上低于索尼同类产品的 10%~15%，销售量很快超过了索尼公司，占据日本录像机总销售量的 2/3。再如 1952 年，创办不久的日本三洋公司看到洗衣机市场存在巨大潜力，而市场上出售的洗衣机性能却很不完善，质量也很不稳定，便打算生产自己的洗衣机。该公司从市场上购回各种不同品牌的洗衣机进行解剖研究，最后决定对英国胡佛公司最新推出的涡轮喷流式洗衣机进行仿制和改进，并巧妙地解决了专利权问题，于 1953 年研制出日本第一台涡轮喷流洗衣机，并于同年夏天成批生产。这种性能优异、价格只及传统搅拌式洗衣机一半的崭新产品，一上市便引起巨大的轰动，为三洋公司带来了巨大的经济利益。"

对于一个国家而言，实现模仿创新有很多种路径可以选择。但是，在一个科学、技术、经济、生产都相对落后的国家，在开始发展自身经济时，以"洋为中用"为指导采取引进购买型模仿创新是最能迅速取得效果的。对这个问题施培公先生（1992）这样论述："我国建国以来的发展历史已证明了这一点。早在'一五'期间，我国对苏联技术和设备进行了大规模的引进。在苏联专家的帮助下，我国工程技术人员对苏联技术进行了积极的消化吸收，对苏联的产品和设备进行了大规模的仿制和部分改进。这样的仿制对全面发展我国的工业技术体系，使我国的工业技术在短期内从一穷二白走向基本自立起到了十分重要的作用。改革开放以来，我国更是开展了大规模的技术引进，与此同时，引进基础上的模仿创新也在大量涌现。引进购买型模仿创新对我国若干支柱工业的发展和新兴产业的发展也起到了重要的作用。我国家电行业近年来的迅速崛起正是引进基础之上大力推进模仿创新的结果。轿车工业也是如此，从 20 世纪 90 年代初开始，我国轿车生产厂家在吸收消化国外先进技术的基础上，尝试进行模仿创新，取得了一系列的成果，极大地促进了我国汽车工业的发展。如中国一汽集团在消化吸收美国、德国先进技术的基础上，推出了'小红旗'轿车，形成了自己的特色，其整车性能与'奥迪'相比并不逊色，而价格仅为奥迪 100C3GP 型车的 3/4。该车一投放市场就供不应求，受到了市场极大的欢迎与关注。再如上海大众汽车公司在引进消化德国大众汽车公司轿车生产设计技术基础上，经多年国产化的努力积累了丰富的经验，掌握了轿车生产中的关键技术。从 1992 年开始，上海大众便在德国大众车的基础上联合巴西大众的设计力量，进行模仿创新，于 1994 年成功地推出了桑塔纳 2000 轿车。该车推向市场后，以其优良的品质、先进的功能设计而深受广大消费者欢迎，使我国轿车工业的发展上了一个新的台阶。"

在技术创新领域，创新者可以通过申请专利，用法律为武器保护自己的权利。但是，专利保护一般有一定范围（图 5-2）。

现行的知识产权制度对率先创新的保护是不完全的，而且也不可能是完全的。侵权企业必须首先消化吸收受到知识产权保护的专利技术，在其获得技术要领后，在被保护范围之外的部分寻求技术突破。此外，由于处

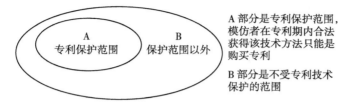

A 部分是专利保护范围，
模仿者在专利期内合法
获得该技术方法只能是
购买专利

B 部分是不受专利技术
保护的范围

图 5-2　专利保护范围

理专利侵权问题，必须要耗费大量的人力、物力、时间，要对技术发明实施更有效的保护，企业就必须形成自有的核心技术，即在生产或工艺流程等关键环节上保留一些技术诀窍（Know how），不申请有关专利，以免公开（图 5-3）。

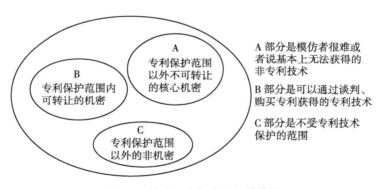

A 部分是模仿者很难或
者说基本上无法获得的
非专利技术

B 部分是可以通过谈判、
购买专利获得的专利技术

C 部分是不受专利技术
保护的范围

图 5-3　技术机密与专利保护范围

　　如果企业能将技术核心机密长期保持下去，那么它自身因此获利的时间将远远长于专利有效期。这方面最著名的例子就是 "可口可乐" 饮料的秘密配方。在长达一百多年的过程里，该饮料的配方曾多次被改进，但它一直是可口可乐公司的最高核心机密，只有个别最高首脑才能接触到。可口可乐饮料的独特口感、风味和质量使其至今仍称霸于世界饮料市场。

　　作为一个模仿企业，以合法手段获得 A 部分技术、B 部分技术均是可能的。但是，以不合法手段获得 A 部分技术要比获得 B 部分技术难得多。模仿企业可能通过 "反求破译" 的方式，由 C 部分信息获得 B 部分技术或设计思想，但要获得 A 部分技术或设计思想 "反求破译" 的难度必然加大。这样，发明保护的风险就会随之降低。

　　"洋为中用"是实现创新的基础，但是，创新者要时刻提醒自己要实现"中用"就需要不断创新，形成自己的核心技术，这样才能够实现追赶甚至反超的目标。

　　虽然，实用主义思想在中国古代的生产领域受影响很大；但是，这丝毫没有影响中国接受外来的物种和生产技术。下面的中国历史上的创新实例就是比较典型的代表。

　　张骞两次出使西域，接触到各种充满异域风俗的生产生活信息，带回许多有特色的物产，同时也包括很多食物。这些物种的传入并逐步本地化，丰富了中华食物和药材的宝库。汉代从西域传过来的物产还有鹊纹芝麻、胡麻、无花果、甜瓜、西瓜、安石榴、绿豆、黄瓜、大葱、胡萝卜、胡蒜、番红花（藏红花）、胡荽（俗名香菜）、胡桃、酒杯藤等不仅丰富了高高在上的统治者生活，也让下层民众得到一些实惠，尤其是一些产量高、价格便宜的蔬果。可以说是在农业生产领域的典型创新，物种的丰富本身就是"洋为中用"。

　　"洋为中用"在手工艺领域的典型案例就是珐琅工艺的引进到景泰蓝的产生。古代波斯帝国发明了古代珐琅工艺，这项发明通过丝绸之路传到了中亚国家，然后又传到中国。当被称为"佛朗嵌"的西亚珐琅艺术传入中国后，与中国固有的青铜、玻璃、釉料、陶瓷、掐焊丝镶嵌、金银器等多门技艺结合，在元末明初形成景泰蓝（掐丝珐琅）这种综合性艺术。

　　创新创业者的社会责任感是一个意义重大的问题，也是课程思政的很好切入点。要做好这项工作，需要将社会责任和传统创业商业文化内容引入课程。

四、创新创业教育中融入社会责任感

　　2008年9月，发现三鹿婴儿奶粉导致多位食用婴儿出现肾结石症状，"三聚氰胺"事件爆发。一味追求利益不考虑后果是少数不法分子的行为引发食品安全问题的具体原因。而引发问题的技术都不是一般劳动者所能研发的，因此，注重创新创业结果导向，加强农林院校相关专业的社会责任十分必要。

　　然而，一个令人担忧的事实是，当前农林院校学生中存在个别只考虑个人利益不重视社会公德现象。例如，由于部分学生家庭条件稍差，就出现为了省钱盗印教材的行为。一些学生学习态度不端正，养成好大喜功，常常拿出一些不切合实际经不起检验的方案去完成教师的作业。解决上述问题，就需要从系统论理念出发，在思想政治教育领域加强社会责任教育的基础上，其他学科和教学环节积极配合形成合力。然而，在笔者的调研中发现，由于我国高校创新、创业教育起步较晚，师资结构不合理，需要引起重视的社会责任感问题往往被创新创业教育工作者所忽视。

在创新创业教育课程中融入社会责任感内容，教师是关键，因此，提高教师的素养是做好创新创业教育课程中融入社会责任感内容工作的基础。要做好创新创业教育素养准备，需要重点做好以下两方面的工作。

一方面，教师需要提高教师的理论水平，丰富教学内容。笔者在创新创业类课程开篇绪论加入了一些关于社会主义核心价值观和责任感内容的讲述。

党的十八大以来，以习近平同志为核心的党中央，团结带领全国各族人民，紧紧围绕实现"两个一百年"奋斗目标和中华民族伟大复兴的中国梦，举旗定向、谋篇布局、攻坚克难、强基固本，开辟了治国理政新境界，形成了一系列治国理政新理念新思想新战略。中共中央总书记习近平在十八届中共中央政治局第一次集体学习时的讲话中指出："中国特色社会主义道路，是实现我国社会主义现代化的必由之路，是创造人民美好生活的必由之路。中国特色社会主义道路，既坚持以经济建设为中心，又全面推进经济建设、政治建设、文化建设、社会建设、生态文明建设以及其他各方面建设；既坚持四项基本原则，又坚持改革开放；既不断解放和发展社会生产力，又逐步实现全体人民共同富裕、促进人的全面发展。"引导学生在理论层面思考，就可以使学生理解民族的发展方向是与创新创业相关，创新创业只有与时代的方向紧密结合才会充满希望。

在创新创业教育帮助学生树立社会责任感和公民使命感，就要引导学生理解"中国梦"与青年自身使命的关系，教学中可以应用习近平总书记与青年代表座谈时讲话内容："青年兴则国家兴，青年强则国家强。我们党自成立之日起，就始终代表广大青年、赢得广大青年、依靠广大青年。各级党委和政府要充分信任青年、热情关心青年、严格要求青年，为青年驰骋思想打开更浩瀚的天空，为青年实践创新搭建更广阔的舞台，为青年塑造人生提供更丰富的机会，为青年建功立业创造更有利的条件。各级领导干部要关注青年愿望、帮助青年发展、支持青年创业，做青年朋友的知心人，做青年工作的热心人。"课后跟踪调研显示，学生感觉这种讲授方式比较激发使命感和责任感，更能把创新创业理想与民族未来有机结合。

另一方面，教师要吸取中华民族历史上的优秀创新创业者的案例教育学生。

习近平总书记指出："如果一个民族、一个国家没有共同的核心价值观，莫衷一是，行无依归，那这个民族、这个国家就无法前进……中华文明绵延数千年，有其独特的价值体系。中华优秀传统文化已经成为中华民族的基因，植根在中国人内心，潜移默化影响着中国人的思想方式和行为方式。今天，我们提倡和弘扬社会主义核心价值观，必须从中汲取丰富营养，否则就不会有生命力和影响力。"

中华民族传统文化博大精深，思想源远流长、内容丰富、影响深远，它以其深刻的哲理性、广泛的应用性、长久的可鉴性，跨越历史留传至今依然光彩照人。中国文化影响着东方乃至整个世界。中国乃至东方的管理思想，莫不以中国文化为源。西方商界人士长期以来被信奉为"黄金法则""人类行为的伟大法则"的一条准则就是儒家学派创始人孔子的一句至理名言——"己所不欲，勿施于人"。

在创新理论的相关精神，笔者通过讲述科学家的理想、信念、科学精神激发学生社会责任感。例如，通过一句大家耳熟能详的名言"科学无国界，但科学家有祖国"导入，进一步分析。首先，科学是人类智慧的结晶，是属于全人类的财富，理应为全人类服务；因此，科学无国界。但是，科学事业的发展和科学家的命运都与自己的祖国有着密切的关系，科学知识的运用却离不开具体的国家。而且当今综合国力的竞争，集中体现为科技的竞争和人才的竞争。自然科学家和社会科学家都对国家的繁荣富强担负着重大的责任。在此基础上，以国防工业的杰出科学家群体为例展开教学内容，介绍中华人民共和国成立后毅然回国报效祖国的科学家，重点介绍辗转回国的钱学森先生，为了国家事业奉献毕生的邓稼先先生，以及 1968 年 12 月 5 日因乘坐的飞机失事而牺牲的郭永怀先生的感人事迹。

在讲述企业家精神相关内容的教学中，笔者首先从分析国内外企业高级管理者拿"一元年薪"这个现象入手，通过我国现行个人所得税税率计算纳税额让学生理解"一元年薪"的奥秘。在此基础上采取比较教学法，重点介绍陈嘉庚先生和卢作孚先生两位爱国实业家的故事，从探讨企业家精神的角度帮助学生提高社会责任感。介绍陈嘉庚先生从 1913 年在家乡集美创办小学开始的捐赠办学的经历，尤其是"宁可变卖大厦，也要支持厦大"的壮举；同时，介绍陈嘉庚先生带领南洋华侨支持抗战的事迹，引出毛泽东主席给予的"华侨旗帜，民族光辉"高度评价。在此基础上进一步分析陈嘉庚先生提出的做人原则：公——永无止境的奉献，忠——永不动摇的爱国，毅——永不言败的坚强，诚——永不毁诺的铮铮傲骨。在介绍陈嘉庚先生的同时，介绍卢作孚先生所领导的民生公司在抗战时期抢运各类人员、物资的情况，用统计数字说明其贡献和个人损失情况。在此基础上，分析卢作孚先生被毛泽东主席誉为旧中国实业界"四个不能忘记"人物之一的原因。通过以上讲解，"企业家的最高境界是报效国家，创业者的第一门功课就是爱国和回馈社会"的观点就比较容易得到学生认可。

大学生社团活动是课堂教学的延展，笔者从 2009 年起依托学会资源组建北京创造学会大学生志愿者服务团，并指导大学生社团开展各类活动，逐步拓展创新创业者社会责任感教育空间，形成特色。在具体的工作中，笔者重点开展三方面的工作。

首先，积极申请和执行政府资助的公益活动，拓展学生社团发展空间。

从 2009 年起，每年全国科普日期间北京创造学会大学生志愿者服务团在北京郊区乡镇针对大学生村官开展"三创（创造、创新、创业）"公益活动形成品牌。2010 年作为承办方，协助北京创造学会完成北京市科技周重点活动"创新方法京郊行——千人公益大讲堂"活动，获得 2010 年全国科技周优秀活动奖。为北京创造学会在北京市首次社会团体评估位列所有 5A 级社团综合排名第七名做出了巨大贡献。北京创造学会大学生志愿者服务团成为共青团北京市委社会工作部重点关注的跨不同高校的社会组织。

北京农学院大学生科普志愿者协会是北京创造学会大学生志愿者服务团的骨干。北京农学院大学生科普志愿者协会从 2011 年起执行北京市政府购买的社会组织服务项目 4 项，累计执行经费 16 万元（表 5-5）。

表 5-5　北京农学院大学生创业社团执行过的公益项目情况

项目名称	起止时间	资助方	资助总额	备　注
新兴创意产业功能区加油站	2011 年 11 月—2012 年 6 月	北京市委社会工作委员会	5 万元	
志愿服务助力"八个高端"建设	2014 年 11 月—2015 年 6 月	石景山社会工作委员会	5 万元	

（续表）

项目名称	起止时间	资助方	资助总额	备 注
新社区新青年携手共进工程	2015 年 11 月—2016 年 4 月	北京市委社会工作委员会	3 万元	
浅山地区村民组织文化建设与乡村（社区）服务管理项目	2015 年 6 月—2016 年 3 月	北京市民政局	20 万元	实际执行经费 3 万元

经过几年的努力，该社团在团中央全国学联、中国青年报、KAB 全国推广办公室主办的"寻访 2016 年大学生创业社团"活动评选中荣获百佳社团第二十六名；公益创业类社团名列前茅。

其次，积极组织学生参与高层次创业论坛并开展辅助活动，拓宽学生视野和思路。

KAB 全国推广办公室创业大讲堂是一项有影响力的品牌活动。笔者充分利用学校地处北京的优势，组织学生用课余时间参与讲堂，聆听创业成功者和创业青年的分享经验，拓宽了学生的视野。在此基础上，笔者利用微信群等方式加强会交流，进一步拓展学生的思路。学生在活动中不仅可以通过与创业者面对面交流领悟到创业中的社会责任，而且可以站在全国层面，拓宽视野体会国家责任与创业教育的关系。

最后，积极支持学生开展微创业活动，把社会责任感与创业实践有机结合。

北京市密云区冯家峪镇西白莲峪村是地处北京市生态涵养区和水源地的一个低收入村，村域自然环境优美，面临保护环境和发展生产提高村民收入的矛盾。笔者积极引导学生社团深入实地调研，学生提出依托笔者科普合作单位学伴科技（北京）有限公司帮助农家乐的经营者"自己推广自己"的微创业思路。笔者积极斡旋，帮助学生团队获得免费使用"学伴微课"技术的授权，为学生开展微创业践行社会责任解决了关键性技术问题。该项目与西白莲峪村达成合作公益创业意向后，逐步实施具体活动，经过几年的努力，团队协助该村开展旅游策划，成功入选"乡愁的力量"2017 国际慢食全球大会，大学生创业团队也 3 次在中国"互联网+"大学生创新创业大赛获得省级以上奖励。

第六章　结合新媒体建设"行走课堂"

第一节　导入案例

随着时代的发展，网络对大学生思想政治教育工作提出了挑战，创造了机遇。结合网络直播活动建设"行走课堂"，也是一种新的探索。使用新媒体就需要面对新课题，在众多需要解决的问题中，上下贯通形成有效沟通机制、建立合理的安全保障体系最为重要。

下面我们从一系列依托网络平台开展直播活动中的工作片段入手，分析结合新媒体建设"行走课堂"过程中涉及的典型问题。

京师同创及其在新冠疫情期间的直播活动①

北京京师同创教育咨询有限公司是以北京师范大学毕业生和教师为主体建立的一家以教育咨询为主要业务的公司。

2018 年 8 月中共中央办公厅印发了《关于建设新时代文明实践中心试点工作的指导意见》的通知（厅字〔2018〕78 号）。指导意见指出："新时代文明实践工作按照三级设置。在县一级成立新时代文明实践中心……在乡镇一级成立新时代文明实践所……在行政村设新时代文明实践站……统筹考虑东中西布局，突出代表性、典型性，选择 12 个省（市）的 50 个县（市、区）进行试点。试点工作在 2018 年 8 月至 2019 年 8 月期间实施。在试点工作基础上，逐步推开新时代文明实践中心建设。"2019 年，试点单位从 50 家扩大到 500 家，标志着中心建设进入大范围推开、高质量发展的新阶段。

继延庆区率先试点新时代文明实践中心之后，北京市决定全面推进新

---

① 本案例根据某直播团队真实直播活动编写。

时代文明实践中心建设工作。2019 年 4 月 12 日，北京市推进新时代文明实践中心建设领导小组第一次会议暨工作部署会召开。随后，北京各区逐步成立新时代文明实践中心。

在全国大力开展新时代文明实践中心建设背景下，如何做好民族地区"新时代文明实践"工作，以及如何做好经济发达地区远郊区和乡镇的"新时代文明实践"工作，是两个比较典型的课题。

针对民族地区试点单位内蒙古自治区通辽市开鲁县无驻区高校、高学历青年志愿者不多的现实的问题，北京京师同创教育咨询有限公司与通辽市开鲁县团委充分协商，提出了利用 2020 年春节、寒假邀请外地专家开展系列志愿者培训的设想，并准备实施。然而，武汉市新冠肺炎疫情暴发给原定计划带来了新的难题。面对困难，北京京师同创教育咨询有限公司"化危为机"，提出了依托北京京师同创教育咨询有限公司、北京创造学会科普工作委员会联合举办"新时代文明实践中心志愿者网上公益讲堂"的方案。

方案确定之后，北京京师同创教育咨询有限公司与北京市密云区北庄镇、开鲁县团委负责人就"网上公益讲堂"直播主题、直播主讲教师、直播内容、听众对象、设备选择、直播间搭建等重要问题多次进行沟通，扩大了公益活动覆盖面；同时，开展大量前期直播和设备调试试验，确保直播开播后万无一失。根据调研反馈，选择"精准扶贫、乡村振兴与创业及人才战略浅析""基层工作者创新能力漫谈""创造力与创造性思维漫谈""如何写好工作总结"4 个主题阐述了基层团干部、青年志愿者所需的关键能力作为讲座直播主题。室内公益直播讲座节目播出后，获得收看者一致好评。

2020 年 4 月 14 日，李克强总理在北京主持召开国务院常务会议。会议部署采取有力有效举措促进高校毕业生就业。会议指出，受疫情影响，今年就业形势更加严峻，并提出了三项工作要求。

北京京师同创教育咨询有限公司第一时间认真学习会议精神，并根据北庄镇应届大学毕业生前期收看创新方法等促进就业公益讲座后的反馈，提出服务"加强就业服务"工作方案。并于 4 月 16 日，向北庄镇籍贯的2020 年应届大学毕业生赠送创新创业图书。

针对开鲁县团委提出的学习首都新时代文明实践所、站建设经验的要求，北京京师同创教育咨询有限公司积极联系，完成 4 次室外实地直播活动。

2020 年 5 月 1 日午夜，北京京师同创教育咨询有限公司接到国内某直播平台提出的直播长征五号 B 运载火箭文昌发射的任务。从 5 月 2 日早开始全面接受工作，迅速邀请了国内该领域顶级专家做嘉宾，团队成员奔赴海南文昌搭建演播室，并于 5 月 5 日，完成了实时直播发射的工作，用网络平台向网友报道了发射成功的盛况。

2020 年 6 月 21 日的日环食备受天文爱好者关注。这次日环食带从刚果民主共和国北部开始，经过中非、南苏丹、埃塞俄比亚、厄立特里亚、红海、也门、沙特阿拉伯、阿曼、巴基斯坦、印度、中国，在北太平洋西部结束。日食带穿过我国西藏、四川、贵州、湖南、江西、福建、台湾等地，其中 8 处"食分"在 0.99 以上。北京京师同创教育咨询有限公司首先策划了日环食带上中国重要观测点的人文知识介绍，服务准备实地观测的天文爱好者，同时，与全国各地部分天文爱好者合作实施日环食多观测点接力直播，探索科普直播新模式。

第二节　上下贯通建设"行走课堂"

人类社会的发展不可避免地导致阶级和阶层的出现。虽然，社会主义社会不存在政治上对立的阶级，但是，仍然存在因为文化水平、社会分工不同导致的社会阶层存在。要推动事业的发展，就要把不同层级的社会成员整合为一个社会系统体系实现上下贯通、全员参与。这一理念对于"行走课堂"建设工作同样适用，而且在结合新媒体建设"行走课堂"的工作中表现得更加明显。

一、坚持文化自信实现上下贯通建设"行走课堂"

从某种意义上讲，思维是创造创新乃至一切活动的起点。那么思维的起点又在哪里？这是一个无法回避的问题。人们常常会说看问题要全面、深刻、提纲挈领。那么，纲在哪里？领又是什么？这又成为无法回避的问题。建设"行走课堂"的指导思想和纲领就是党和国家的政策文件。

要实现上下贯通、全员参与，就需要正确的观念作指导。做好建设"行走课堂"工作的关键就是在纲领文件指导下，让学生掌握正确的文化理念，树立文化自信。

2016 年 7 月 1 日，庆祝中国共产党成立 95 周年大会在北京人民大会堂隆重举行。习近平总书记在大会上发表重要讲话时指出："坚持不忘初心、继续前进，就要坚持中国特色社会主义道路自信、理论自信、制度自信、文化自信，坚持党的基本路线不动摇，不断把中国特色社会主义伟大事业推向前进。"

对于首次提出的"文化自信"，习近平总书记这样定义："文化自信，是更基础、更广泛、更深厚的自信。在 5000 多年文明发展中孕育的中华优秀传统文化，在党和人民伟大斗争中孕育的革命文化和社会主义先进文化，积淀着中华民族最深层的精神追求，代表着中华民族独特的精神标识。我们要弘扬社会主义核心价值观，弘扬以爱国主义为核心的民族精神和以改革创新为核心的时代精神，不断增强全党全国各族人民的精神力量。"

习近平总书记的重要论述明确地告诉人们：努力实践马克思主义思想与中华优秀传统文化有机结合，在党和人民伟大斗争中孕育的革命文化和社会主义先进文化，才能更好地弘扬社会主义核心价值观，弘扬民族精神和以时代精神，增强全党全国各族人民的精神力量。这也是开展建设"行走课堂"工作必须关注的问题。

习近平总书记在庆祝中国共产党成立 95 周年大会上的讲话指出："当今世界，要说哪个政党、哪个国家、哪个民族能够自信的话，那中国共产党、中华人民共和国、中华民族是最有理由自信的。"

从理论逻辑看，中华文化具有互补多元的价值结构、具有开放包容的价值态度、和谐统一的价值取向。文化自信、社会主义核心价值观是实现中国梦的"加速度"，是弘扬中国精神的"源动力"，是凝聚中国力量的"向心力"，是坚持中国道路的"稳定力"。

中华文化的生命力的所在就在于它所拥有的"博采众长"特质。"博采众长"理念中体现出系统的综合性，"博采众长"思想时刻提醒着教师，只要是好的、正确的都要积极引进。中国把马克思主义思想确立为指导思想，就是因为马克思主义思想符合中国国情。而实现马克思主义中国化，恰恰是"博采众长"不断创新的表现。

教师要更好地开展"行走课堂"工作，就需要首先了解中华文化中的"博采众长"思想和实践成果。

　　一个国家和民族的发展必然是兼容并包的。中国历史上很多创新和社会发展与进步都是通过吸收外来优秀文化实现的。

　　赵武灵王即位的时候，赵国正处在国势衰落时期，为了摆脱不利的局面，使国家强大，推行"胡服"、教练"骑射"，史称"胡服骑射"。因此，"胡服骑射"是符合"博采众长"理念的典型案例。

　　赵武灵王所推行的胡服骑射是一个有机的整体。胡服除了有利于骑兵作战需要，在农业生产和生活中，相比当时中原的服装也有着突出的优越性，使人们的生产劳动和其他社会活动更加便利，逐步成为中原地区的大众服饰。春秋以前，中原地区的战争与交通基本上是用马车，马匹只是用来驾车的，不作为骑乘。赵武灵王搞胡服骑射，变革了中原的作战方式，使我国由车战时代进入了骑战时代。这在中国历史上有着划时代的意义，一个更灵活、更有生气的兵种开始占据了重要的地位，一种更具威力的作战方式被广泛应用。随着骑射的发展，马便逐渐用于骑乘，在当时道路并不发达的情况下，大大方便了各地的交往与联系，促进了各地尤其是中原汉族与边地各少数民族之间的经济、文化交流。

　　赵武灵王在大力推行胡服骑射的同时，辅之以开明的民族政策，推进了农业文化与游牧文化的交融，也加速了这些地区的封建化进程，客观上促进了中原汉族与周边少数民族的融合，促进了农业文化与游牧文化的融合。同时，保护了边地人民正常的农牧业生产和生活，加强了北方局部地区的统一，为后来秦汉统一北方奠定了基础。

　　赵武灵王认为传统的东西本身就是在长期社会发展中逐步形成和完善的，各个时代都会淘汰一些不合时宜的成分，因时制宜地产生一些新的思想和制度，这是中国古代朴素的辩证法思想。推行胡服骑射，大胆学习敌人的长处，发展壮大自己，继而有效地打击敌人，夺取最后胜利的战略思想，比清代思想家魏源提出的"师夷长技以制夷"理念早了2100多年，对当时的哲学思想和军事思想产生了强烈的冲击。

　　古代中国不仅在制度有过引起外来先进经验，而且还大胆使用外来人才。唐朝的文化教育发达，长安既是全国的政治经济中心，也是亚洲各国的文化教育交流中心。日本、新罗、高丽、百济，以及今天的尼泊尔、印度、越南、柬埔寨、印度尼西亚、缅甸和斯里兰卡，都有大批的留学生在长安留学。这些人中很多在中国做官，唐朝时做官的外国人多达3000多人。这就是在人才使用方面典型的"博采众长"。

艺术领域的"博采众长"则会使中华艺术体系更加丰富。

敦煌莫高窟是集建筑、雕塑、绘画于一体的立体艺术博物馆,古代艺术家在继承中原汉民族和西域兄弟民族艺术优良传统的基础上,吸收、融化了外来的表现手法,发展成为具有敦煌地方特色的中国民族风俗的佛教艺术品,为研究中国古代政治、经济、文化、宗教、民族关系、中外友好往来等提供珍贵资料。

敦煌莫高窟艺术品中就有很多"博采众长"的例子:敦煌最早的禅窟,模仿了库车苏巴什的禅窟形制。北魏的中心柱窟与廊柱佛塔式大厅的形制,则是阿富汗巴米扬大佛隧道窟在西域克孜尔逐渐演化而成的。不仅如此,外来艺术也为敦煌艺术提供了素材,例如《张议潮统军出行图》中就有天竺乐及中亚波斯等国的舞乐的内容。

在中国艺术领域中"博采众长"也有很多现代的例子:中国现代的歌剧《白毛女》、芭蕾舞剧《红色娘子军》都是典型案例,不仅如此,西方油画艺术与中国文化结合,也创作出很多优秀作品。

在新的历史时期,习近平总书记分别提出建设"新丝绸之路经济带"和"21世纪海上丝绸之路"的合作倡议。依靠中国与有关国家既有的双多边机制,借助既有的、行之有效的区域合作平台,"一带一路"通过借用古代文化中"丝绸之路"的概念,高举和平发展的旗帜,积极发展与沿线国家的经济合作伙伴关系,共同打造政治互信、经济融合、文化包容的利益共同体、命运共同体和责任共同体。习近平总书记提出建设"一带一路"、构建人类命运共同体,正是新时期中华文化自信的重要表现。

二、上下贯通开展"行走课堂"建设需要处理的矛盾关系

世界是充满矛盾的,矛盾存在于一切领域。上下贯通促进"行走课堂"建设工作的过程也是一个矛盾世界,上下贯通促进"行走课堂"建设工作过程本身就是解决各种矛盾的过程。如在决策过程存在着主观目的和实现可能的矛盾,智囊人员同决策人员的"谋""断"矛盾;建设"行走课堂"的工作过程,存在着上下级之间的矛盾、工作部门之间的矛盾、同级人员之间的矛盾;在调整控制过程,存在计划与执行的矛盾,环境和组织的矛盾,离散和协调的矛盾,等等。显然,这些矛盾的产生有其极为复杂的根源。那么,在上述各样的矛盾中,究竟有无一种贯穿上下贯通"行

走课堂"建设工作过程始终、决定"行走课堂"建设过程基本性质的矛盾呢？答案当然是肯定的，这就是"行走课堂"建设工作过程主体和工作客体之间的矛盾。这对矛盾决定着"行走课堂"建设工作过程的基本形式和基本性质，引发其他矛盾的产生并制约着其他矛盾的解决。因此，研究这一矛盾便成为研究"行走课堂"建设工作过程相关问题的一项重要命题。

在一般意义上，主客体的矛盾是指充当主体的人同作为客体的人和物之间的对立统一关系。但是，对物的使用也是在人们在上下贯通理念指导下开展时出现的。这样，两者的矛盾又可归结为工作过程中人与人的对立统一关系，在"行走课堂"建设工作过程中，分别表现为主体与客体在指挥和服从、纪律和自由、集权和分权、竞争和协调四方面的对立关系。

（一）指挥和服从的矛盾运动

"指挥"是一个组织学概念，"行走课堂"建设工作主导者根据"行走课堂"建设工作或者自己所处部门的统一安排领导工作参与者开展工作的行为过程。

"服从"则相反，它是指工作参与者接受上级的指令、按照上级的意图而运作的过程。上下贯通促进"行走课堂"建设工作的基本原则，就是指挥统一、令行禁止。如果放弃指挥或者拒不服从，"行走课堂"建设工作过程就不可能进行。指挥无方或服从勉强，"行走课堂"建设工作过程也难以奏效。

1. 出现指挥和服从矛盾的原因

在"行走课堂"建设工作实践中，指挥和服从不是自然达到统一的，而是在经常的矛盾运动中求得一致的。之所以会经常出现矛盾，大致有以下一些主要原因。

（1）资源分配不公，"行走课堂"建设工作参与者因感到没有成就感而不愿参与到具体活动中来。在工作过程时，如果在资源分配上处理不当，就会导致大多数参与者成为看客，不利于活动落到实处。因此，在设计活动时就应努力让更多的人可以参与其中，这样参与者才会有收获。

（2）价值观念不统一，"行走课堂"建设工作主导者和工作参与者缺乏一致的价值观念。"行走课堂"建设工作过程不仅是少数工作主导者的事，更是组织所有成员共同的事业，它需要大家对组织目标取得共识，上下要有共同的价值观念。但是在实际生活中，人和人的社会地位、主观需要是不完全相同的，基于不同的社会地位和主观需要，各人的价值观念也不可能自然地取得一致。尤其是工作主导者和工作参与者，由于他们处在不同的地位，年龄、生活阅历的明显差异必然导致价值观念存在着明显的区别，二者经常发生观念冲突，这就可能导致工作主导者发出的指令被工作参与者曲解乃至抵制。

（3）个别工作主导者有权无威，滥用职权。"行走课堂"建设工作过程的指挥权虽是必要的，但指挥是否得到相应的服从则取决于掌握权力的工作主导者有无威信，指挥是否得当。只有既具有权威、又指挥得当的工作主导者，才能不仅从信息上而且从情感理智上沟通工作参与者，从而得到下属的信任、理解和拥戴。而有权无威的工作主导者，其指挥要么是强迫命令、滥用职权，要么朝令夕改、意气用事，其结果或者遭到下属的抵制，或者使人们被迫屈从或盲目服从。"行走课堂"建设工作参与者的不配合必然导致指挥的落空；而屈从或盲从只是表面服从而非自觉服从，同样也会使指挥失去真实的对象而成为虚假的指挥。

2. 避免和解决矛盾的方法

在上下贯通促进"行走课堂"建设工作过程中，要做好相关工作就需要注意如下几点。

（1）在开展活动中的指挥不允许采取简单的强制命令，而应伴之以说服、指导和激励，使广大工作参与者心服口服、自觉服从。

（2）指挥应以上下共识为基础，服从则以真理为前提。反对不做调查研究的瞎指挥，提倡服从真理，尊重权威。

（3）力求指挥的正确和服从正确的指挥，为"行走课堂"建设工作主导者和参与者的关系造成一种良性循环的格局：工作主导者越是充分考虑工作参与者的意志和服务于参与者的利益，工作参与者就越会自觉服从其指挥；同时，"行走课堂"建设工作参与者越是服从工作主导者的指挥，支持他们的工作，工作主导者的指挥就会越有效，积极性越高，越能体现工作参与者的智慧并服务于工作参与者的利益。

（二）纪律和自由的矛盾运动

要行使上级对下级的指挥，组织必须制定纪律；而要变盲从、屈从为自觉服从以发挥广大工作参与者的主动创造性，又需要自由。

纪律和自由是上下贯通促进"行走课堂"建设工作过程中的又一对矛盾，两者也常常通过工作主导者和参与者的关系表现出来。所谓纪律，是为实现组织目标保证工作过程有序进行而制定的各种行为规范，它主要是由工作主导者来监督执行。自由有多重含义，这里是对组织纪律而言，主要指工作参与者在纪律允许的范围内行动的自主性，以及行为的自觉性和自律性。上下贯通促进"行走课堂"建设工作过程之所以能够进行，既要有统一的组织纪律来规范人们的行为，统一大家的行动，又要有一定的自由，以使个人能独立地开展本职工作。没有纪律，就无法约束人们的行为使组织形成合力，自然也就做"行走课堂"建设工作。没有自由，组织成员的一言一行都得按工作主导者的指令行动，工作参与者就会因丧失自主性和自觉性而成没有主见的人，也实现不了培养有理想的工作参与者的目标。由此可见，纪律和自由作为矛盾的两个侧面，是相互依存、彼此作用的。上下贯通促进"行走课堂"建设工作过程在一定的意义上，就是工作主导者代表的组织纪律和工作参与者代表的个人自由这两者之间的对立统一过程。但是，纪律和自由的对立统一运动不是自发完成的，它作为社会规律之一，必须通过人们的正确认识和有效沟通过，"行走课堂"建设工作过程才能实现。但是，由于认识的偏颇和历史的局限，纪律和自由曾经长期被人们对立起来，在工作参与者培养工作的历史上曾出现过两种错误的工作模式：一种是只强调纪律而排斥自由的工作模式。这种模式往往会将工作过程片面地理解为对组织成员的纪律约束和行为强制，试图将工作参与者的一切言行都统统简单纳入工作的目标。在这种模式中，纪律就是一切，人们的一言一行无不受到组织的限制和监督。自由在这里没有合法的地位，工作参与者的主动创造性被看作不安本分而受到鄙视甚至遭到惩戒。持这种观点的人无法理解纪律和自由的辩证关系，长此以往，一方面因剥夺工作参与者的用正当渠道发表个人想法的机会，必然引起他们的对抗或使之逐步失去主见，纪律无法起到真实的效用；另一方面也助长了工作主导者的专擅任性，使之我行我素。与只讲纪律不讲自由的工作模式相反的另一种模式，就是只讲自由不讲纪律的自由主义工作模式。自由主义者肯定人的自我力量、尊重人的自由创造、批判专制主义蔑视人的种种观点，无疑具有部分的真理性，但是却忽略了团体章程和纪律约束的必要性和重要性，导致无政府主义倾向。

因此，在上下贯通促进"行走课堂"建设工作过程中，工作主导者既要警惕无视自由只讲纪律的工作方式，注意尊重工作参与者首创精神。维护人们的自由权利，又要反对破坏纪律的极端自由主义，严格组织纪律，培养遵守纪律的良好习惯。

（三） 集权和分权的矛盾运动

所谓集权，通常是指把政治权力集中于中央。这是狭义的或政治学的集权。在上下贯通促进"行走课堂"建设工作过程中的集权是广义的，它泛指一切工作过程活动中将权力集中到各级组织进行统一指挥。分权则是它的对立面，意味下级组织分有上级的一部分权力，各自独立地行使一定的权力。

上下贯通促进"行走课堂"建设工作过程之所以可能，首先在于工作主体拥有统一指挥的权力，这就需要集权。如果工作主体不能集权，"大权旁落"，就无法进行统一指挥，组织就分割为一个个互不相属、无所适从的机械部分，主体就会因为失去所控制的客体而不复存在，工作目标就难以实现。因此，自从人类有分工有协作以来，集权就有它存在的意义和价值。

但是，上下贯通促进"行走课堂"建设工作过程绝不是工作主体一方面的活动，而是工作主客体双方的活动。从一方面看，工作主导者只有集中权力才能对作为客体的工作参与者施加影响，引导他们的行为；另一方面，被支配的客体又有归他们支配的客体对象，也需有一定的支配权，是另一种对象的主体，因而客体就必须分有一定的权力。

集权和分权作为对立的双方，各有利弊，因此必须互相补充。集权的优点是思想统一、指挥集中，一定的集权还可促进决策的专门化，使某一职能部门能独立开展工作。其缺点是不可能事事都管到，对于工作过程中随时变化的情况及时全面地加以控制。分权的优势恰好是对集权的补充，它可以代替上级进行现场指挥，可以根据变化的情况随时做出应变的现场决策，以发挥职能部门和各级下属组织的自主性和创造性。其缺点是容易形成本位主义，滋生谁也管不了谁的分散主义，因此它又必须由集权加以限制。

在具体的上下贯通促进"行走课堂"建设工作过程中，要使集权和分权恰当统一起来绝非易事，从辩证法的角度看，两者的适度平衡常常是通过不平衡来实现的。

要使集权和分权统一起来是一个极为复杂的权力分配问题，值得深入研究。不过，总的原则是"大权独揽，小权分散""宜统则统，宜分则分"。具体说来，第一，决策权一般应该被掌握在核心部门之手，否则工作目标就无法统一，形成分散主义；第二，在开展业务性质和工作程序大致相同的活动时，也宜集权不宜分权；第三，在特殊情况下，为加强某一职能部门的作用或使特定活动专门化，也应使之集权化；第四，为应付各种特定性事件，可以成立某种临时专门领导班子，将平时归不同部门拥有的某种权力收归上级，集中使用；第五，上级组织无法决定和无力指挥的事，可以交给下级全权处理；第六，具体事务的执行权，应当适度授予下级事出突然来不及向上级请示的机动权。

要在上下贯通促进"行走课堂"建设工作过程中使集权和分权统一起来，除去按照上述原则把握好上下各自的权力限度之外，关键还要在工作主导者和工作参与者中要树立正确的权力观念，处理好上下级人与人之间的关系。

（四）竞争和协调的矛盾运动

所谓竞争，是指系统内成员之间或系统与系统之间为实现自身特定目的而展开的一种排他性活动，它具有扩散性、排他性、无序性和创造性等特征。相对于竞争的协调，则属于系统的组织活动或组织的系统功能活动之一，具有与竞争刚好相反的聚合性、协同性、有序性、保守性等特征。

在生物界和人类社会，竞争和协调作为两种互补的现象，是普遍存在的。在生物界，无论植物或动物为了自身的存在和发展，无时无刻不在争夺最合适的生存环境，彼此之间充满了生存竞争。正是这种竞争推动着物种的进化，显示了大自然的勃勃生机。不过，生物竞争又是弱肉强食，它同时又带来了负面价值，使物种之间和生命个体之间彼此疏远离散，表现出盲目的冲动并破坏着生物群落的有序。因此，竞争就需要协调来进行控制和补充。

人类社会是由生物界进化发展而来的，社会生活也一样充满竞争。同生物界一样，社会竞争既是社会进步的动力又有其负面价值，同样需要组织协调加以补充控制。

但是，人类社会毕竟不同于生物，社会领域的竞争协调同生物界的竞争协调相比较，有着本质的区别。首先，生物之间的竞争是由生命的本能冲动或生存需要引起的，它缺乏明确的目的性而显现出纯粹的自发性。社会竞争本质上是社会的，每一竞争的产生有着极为复杂的社会根源，是一种具有自觉意识的社会性活动。其次，生物竞争是以弱肉强食的自然方式进行的，竞争者之间完全是一种你死我活的敌对关系。社会竞争虽然也有类似的关系和行为，但社会中通行的主要方式则不能简单定义为弱肉强食，竞争者之间的相依性是主要的。最后，生物竞争也离不开"协调"，但这种"协调"主要不可能来自生物自身或生物群落内部（高级动物群中的动物首领也有控制协调群体内部竞争的某些行为功能），而是来自竞争的外部自然环境。各类植物的共生现象、动物群成员之间的某种组织性，主要是由外部环境造成的。社会则不然，人类社会的每一种竞争都有相应的协调相伴随。而且，这种协调多是自觉的，是由某些人或组织来进行的。正是由于社会能自觉协调社会竞争，人类才不同于生物竞争，社会才有序地组织起来，让工作参与者理解上述问题也是上下贯通促进"行走课堂"建设工作过程的重要任务。

可见，社会竞争和社会协调都是社会自组织的两种机制。前者是社会组织的动力机制，后者是社会组织的调控机制。在上下贯通促进"行走课堂"建设工作过程中，前者主要表现为工作参与者之间的关系，后者主要表现为工作主导者对工作参与者之间的关系；前者多由工作参与者的活动来进行，后者则属于工作主导者的职责。所以，社会竞争和社会协调之间的关系也体现了是上下贯通促进"行走课堂"建设工作过程主体和工作客体的关系。认识两者的矛盾并寻求解决矛盾的途径是促进工作的一项重要内容。

在上下贯通促进"行走课堂"建设工作过程中，竞争首先表现为带有竞赛性质的活动中组织内部广大工作参与者之间的同级竞争，主要有争荣誉、争自我表现等。与竞争相反的则是不争、退让，如让利让名、不争利而争贡献等。无论是争或让，都不能笼统地说谁是谁非、孰好孰坏，而应做具体分析。不过一般来说，竞争才能打破平衡、拉开差距，形成人们行为的压力或动力，免于组织系统处于平衡状态而失去发展的生命活力。相反，以为争是恶而讨厌争，抱着与人无争的消极宗旨一味以退让去求得人际关系的平衡，对人对事不加分析一概反对竞争，这实际上是缺乏竞争进取意识的处世哲学。当然，竞争既带来了活力，也引起了麻烦，既打破平衡，又可能带来组织内耗和混乱。尤其是竞争中一些极个别的工作参与者个体选择不正当手段（如损人利己、中伤诽谤他人以抬高自己），必然使人人相互防范而破坏人际的情感沟通和正常关系。这时就需要工作主导者进行协调。防止人与人之间出现这种不正当竞争的基本原则不是取消竞争，而是批判不道德的竞争行为，确立公正平等的竞争原则。为此，工作主导者既要明察秋毫、辨别好坏，更要敢于坚持公正原则和确立切实可行的平等竞争准则。

上下贯通促进"行走课堂"建设工作过程中，既要提倡竞争、保护竞争，又要协调好竞争，避免可能引起的组织混乱，对竞争进行控制和引导。如果对竞争协调得当，组织就呈良性的有序循环，工作主客体之间也相得益彰。相反，如对竞争不闻不问、放手不管，或对竞争横加限制，其结果不是使工作走向混乱无序，就是使工作过程缺乏活力。因此，工作主导者需要时刻注意：竞争必须合法合理，不允许采取损人利己的手段来打击别人；竞争在本质上是一种竞赛协作关系，而不是敌对关系。工作主导者可以有效协调竞争，解决集体和工作参与者个人、工作参与者个人和个人的利益矛盾，使工作主客体关系高度统一起来。

第三节　建设"行走课堂"所需的安全知识

在开展"行走课堂"的工作时，安全工作是第一要务。一部分依托新媒体开展的直播活动，涉及一些猎奇性内容，但是，越是在环境条件相对差的环境进行直播，越需要考虑安全因素。下面将介绍建设"行走课堂"所需的安全知识。

一、"行走课堂"安全总体对策

（一）可能遇到的安全隐患

要确立"行走课堂"的安全总体对策，就需要了解"行走课堂"活动中的安全隐患。"行走课堂"活动中典型的影响安全因素包括如下几种。

（1）交通安全隐患。主要指参加"行走课堂"活动的大学生在马路上随意穿行，不走人行横道，闯红灯；乘坐不具有营运资格的"黑车"；骑自行车、电力车或助力车时，车速过快，不注意避让过往行人、车辆等问题。

（2）疾病、卫生安全隐患。主要指参加"行走课堂"活动的大学生初到陌生环境，水土不服，患上感冒等日常疾病；由于高温、高湿、蚊虫叮咬等原因引起皮肤病；作息时间不合理，过度劳累，身体虚脱；在不具备卫生许可条件或条件较差的场所用餐；食用过期变质的食品、饮用生水，食用和饮用野外采集的食物和水源，发生肠道传染病；暴饮暴食，引起肠胃不适等问题。

（3）交往安全隐患。主要指参加"行走课堂"活动的大学不了解或不尊重当地的风俗与礼仪；随便与陌生人打交道；与他人产生误解，引起矛盾甚至冲突；因参与酗酒、赌博等行为与他人发生纠纷；围观打架斗殴行为，和他人发生冲突；卷入各种群体性事件，被人利用和胁迫等问题。

（4）环境安全隐患。包括由于通信不畅造成的安全隐患；由于不熟悉当地灾害环境，导致的隐患；私自下河游泳造成溺水身亡；被狗等动物咬伤；参与大型社会活动时，人群发生拥挤、踩踏并可能由此产生伤害；活动中发生火灾等突发事件等问题。

（二）安全保障措施

要解决上述隐患需要采取如下保障措施，确保"行走课堂"活动顺利开展。

（1）做好安全思想和信息准备。一方面，要牢固树立"安全第一、预防为主、综合治理"的思想，贯彻"预防为主"的方针，加强自身修养，把安全摆放在工作和学习的首位。另一方面，要做好调研工作，避免隐患，防止上当受骗。

（2）遵纪守法，预防交通事故。大学生在参加"行走课堂"活动前要加强交通法则的学习，树立交通安全观念。乘坐交通工具，要注意上下车（船）、飞机的安全和遵守城市交通规则；行走和骑自行车要自觉遵守交通规则，严禁酒后或无证驾驶机动车。若发生交通安全事故，要依靠当地交通安全管理部门，依照交通安全法律、法规进行妥善处理。

（3）提高治安、消防意识。注意保管好自己的财物，装有贵重物品的背包做到包不离身；队员之间互相熟悉携带的行李，互相照看；外出行走时注意防范飞车抢夺、抢劫等行为，尽量不佩戴首饰；实践活动后应及时返回驻地，夜间宿舍寝室门要及时上锁；尽量避免夜间外出或夜不归宿，如遇例外情况，应向团队的同伴告知外出理由、前往地点、返回时间并确保联络畅通；在实践活动中严禁吸毒赌博、打架斗殴等行为，要互帮互助，自尊自爱，自觉维护学校声誉；不看不健康的书刊、音像；尽量不接触陌生人，如有外出活动需接触的，应结伴或请接待单位安排人员随行，防范不良后果；加强安全用火、用电的安全意识，掌握基本的安全消防知识，做到"三知"（知火灾的危险性，知防火防爆知识，知灭火知识）"四会"（会报警，会使用消防器材，会扑灭初期火灾，会逃生自救）。

（4）预防疾病，防止食物中毒。尽量避免在高温、高湿、高热等环境下开展活动，如无法避免，应做好防护措施，备足饮水，备好防暑、防热、防蚊、防虫药品，避免中暑、蚊虫叮咬等引起的疾病和其他不利情况的发生；合理安排作息时间，保证睡眠；避免高强度活动，如无法避免，应保证活动后充分休息；注意饮食卫生，选择新鲜、安全的食品，增强食品安全防范意识；不要到无证照的饭馆和小摊就餐；不购买"三无"食品；不食用过期的食品与饮料；少吃用生冷食品，少饮用生水。要自带一些常备药物，出现一般常见病可对症下药，严重时立即到医院就诊。

（5）注意交往的技巧。大学生要遵守"行走课堂"活动所在地的风俗习惯，避免因违背风俗习惯而导致的冲突；注意文明礼仪，自我保护；要学会与人交往，谈话态度要好，要谦逊谨慎，问路问事要有称谓；一般不要和陌生人说话，特别是和一些"十分热情"的陌生人交谈或结伴而行；遇到不顺心的事情，受到不公道的礼遇，要忍耐，要善解人意，学会换位思考。

（6）保障联络、通信顺畅。参加"行走课堂"活动前，学生应征得家长同意，告知家长实践地点、实践内容、实践时间、带队教师的联系方式等信息，以便随时联系；实践的学生应带好手机、充电器等设备，确保手机话费充足，要确保手机、QQ 等联系方式的畅通；实践期间如更换手机号码或改变活动方案，要及时告知相关人员；保存好带队教师和队员的手机号码，确保联络顺畅；了解实践地点接待单位的联系方式、地理方位；熟悉掌握 110、120、119 等紧急电话的使用方法。

（三）突发事件紧急处理技巧

开展实践活动期间遇到突发事件时，要保持沉着冷静，保护好自身安全，及时与有关救援部门联系，并在第一时间向相关人员和学校汇报。同时，需要熟悉如下紧急处理技巧。

（1）冷静处理意外和突发事件。发生交通意外，立即拨打 110，并做好现场的保护工作。随后将交通事故告知老师和学校，并配合当地交管部门处理事故。发生食物中毒事件，或队员发生重大疾病，或因意外严重受伤，立即拨打 120，及时到当地医院就诊。如遇队员溺水，不习水性的人不应入水施救，应大声呼救，立即寻求帮助。

（2）理性面对自然灾害。遇到暴雨、洪水、泥石流、山体滑坡等自然灾害，要保持镇定，快速转移到较为安全的地带，必要时报警，并服从当地有关部门的指挥。如有人不幸遭遇雷击，应马上进行抢救，若伤者虽失去意识，但仍有呼吸或心跳，则自行恢复的可能性很大，应让伤者舒适平卧，安静休息后，再送医院治疗。若伤者已停止呼吸或心脏跳动，应迅速对其进行口对口人工呼吸和心脏按压，在送往医院的途中要继续进行心肺复苏的急救。

（3）稳妥处理"失联"事件。若与外出人员失去联系，必要时可拨打110，寻求当地警方帮助。

（4）机智化解冲突。若与他人发生冲突，必须保持冷静、忍让、克制，如与社会人员发生争吵甚至斗殴，现场同学应及时制止，防止事态恶化；如不听劝阻，应迅速联系公安部门共同处理。

二、保障"行走课堂"活动安全典型注意事项

在"行走课堂"活动中除了前文提到的安全策略时还要注意如下问题。

（一）远离暴力事件

当代大学生大多是18~23岁的青年人，血气方刚、心理和思想尚未完全成熟，往往可能在社会交往中由于性格不合、利益冲突、见解不一、言语冲突、情感冲突等原因，引发各种各样的矛盾和纠纷；在处理矛盾和纠纷时，可能会出现不理智行为，无视他人危险，导致打架斗殴现象，对他人造成人身安全伤害。

1. 青年人的打架斗殴现象的特点

（1）引发事件的导火索可能是一些小事，事件起因简单。在人的社会生活中，难免会发生一些纠纷和矛盾。独生子女个性张扬，自我意识强烈，很多人受不得半点委屈，这直接导致他们在与人相处时，很少站在别人的角度去思考，遇到问题时往往各执己见，互不相让。有时，男同学在球场上的一个小摩擦，就可能演变成一场打架斗殴事件。

（2）引发冲突的事件往往十分突然，无规律可循。大学生活寝室、教室活动空间不大，又使突发事件发生的概率加大。

（3）青年人对解决冲突的方法有错误的认识。青年人由于涉世未深，容易感情用事，很多的时候是经不住现场气氛的煽动，或经不住其他人的鼓动做出错误的举动，导致严重的后果。在一些年轻人的观念中对待矛盾纠纷的一个错误认识就是用暴力解决问题。

（4）冲突事件可能造成严重的后果，通常包括如下几方面：第一，打架斗殴可能对参与者造成身体上的伤害，轻则受皮肉之苦，重则危及生命；第二，打架斗殴可能影响参与者的前途，在校生轻者容易受到校规的处分，被记录到档案中影响到未来就业，重者可能触犯国家法律，直接断送学业。

2. 青年人打架危害的主要表现

（1）严重损害大学生的美好形象。虽然高校不断扩招，但是大学生仍然是当代相对优秀的青年群体，也应该成为社会文明礼貌的楷模。如果因为发生纠纷就诉诸暴力，互相斗殴，不仅损害个人人格和尊严，而且容易影响和损害整个大学生群体的美好形象。

（2）打架容易破坏社会稳定，影响安定团结。大学是社会的组成部分，高校的稳定与整个社会的稳定密切相关。校园治安秩序的好坏，直接影响到社会的秩序。如果大学校园经常出现打架斗殴事件，造成人身伤害，势必影响校园稳定、危及师生生命财产安全，绵延到校外影响更坏。这样，不仅会破坏校园治安秩序，影响同学之间的团结，还会损害学校形象，影响社会安定的局面，严重的还会造成涉外影响，损害学校和国家在国际上的形象和声誉。

（3）严重的打架事件还会变成治安、刑事案件，后果难以估计。

3. 防范打架事件的注意事项

（1）要对解决问题的方法有正确认识，不用暴力，尽量采取和谈协商的办法化解矛盾。

（2）遇到事情要宽容大度，不莽撞。不管纠纷因何而起，都要持冷静态度，防止情绪冲动。努力让自己具备容忍的气度，虚怀若谷；对于可能发生摩擦的小事，要宽容，妥善处理。牢记"忍一时风平浪静，退一步海阔天空"，努力大家互相忍让，很多纠纷就可能不会发生。

（3）以德服人。在与他人相处时，诚实、谦虚是加强团结、增进友谊的基础，也是消除纠纷的灵丹妙药。革命家、教育家徐特立说过："任何人都应该有自尊心、自信心、独立性，不然就是奴才，但自尊不是轻人，自信不是自满，独立不是孤立。"培根说过："经得起各种诱惑和烦恼的考验，才算达到了最完美的心灵健康。"高尔基也说："每一次的克制自己，就意味着比以前更加强大。"具备诚实、谦虚的品质，在发生纠纷的时候，就比较容易认真听取他人意见，进行认真的自我批评，宽容他人的过失，处理好相互间的争执。

（4）确保语言文明，避免冲突。很多发生在年轻人中的纠纷是由口角引起，避免口角就是从语言文明开始的。和气、文雅、谦逊的语言十分重要，说话态度和蔼，语气温和，使人感到温暖亲切；交谈中应对得体，充分尊重对方，不自以为是，不狂妄自大，态度诚恳，语言朴实，虚心谦恭，不强词夺理，不盛气凌人，不浮夸粉饰，不哗众取宠，就可能把冲突消解在萌芽。

4. 遇到他人打架时的注意事项

（1）遇到不熟悉的人打架，不围观，不起哄，不介入任何一方。

（2）遇到熟悉的人，如亲友、同学与别人打架，应尽力劝解，但是要注意不可偏袒。

（3）当有关部门调查打架情况时，现场目击人要勇于出来提供线索和证据，以保护受害人的合法权益，使肇事者受到应有的惩处。

（二）防止诈骗敲诈

诈骗是危害公民财产安全的一种违法犯罪行为，是指以非法占有为目的，用虚构事实或者隐瞒真相的方法，骗取公私财物的行为。

2016 年 8 月 19 日，山东省临沂市罗庄区发生一起电信诈骗案，18 岁的准大学生徐玉玉（高考以 568 分成绩考入了南京邮电大学）被他人以发放助学金为由，通过银行 ATM 机转账的方式诈骗走 9900 元。徐玉玉与其父一起到公安机关报案，回家途中晕倒，出现心脏骤停，送医院抢救无效死亡。案件发生后，公安部立即组织山东、福建、江西、广东等地公安机关开展侦查。经工作查明，此案为犯罪嫌疑人陈文辉、郑金锋、陈福地、熊超、郑贤聪、黄进春等人所为。公安部发布 A 级通缉令。8 月 26 日，主要犯罪嫌疑人熊超（男，19 岁，重庆丰都人）、郑金锋（男，29 岁，福建永春人）、陈福地（男，29 岁，福建安溪人）、黄进春（男，35 岁，福建安溪人）4 人被抓获。

在此，我们还原徐玉玉被骗的经过。

徐玉玉母亲李自云的回忆："电话里说，要发放什么助学金，我怕自己听不明白，就让闺女来接电话。我记得那天下午好像要下雨，女儿说想明天再去办理，但电话里说 19 日是发放助学金的最后一天，晚了就拿不到了。"骗子让徐玉玉在 20 分钟内赶到银行 ATM 机旁，并称通过 ATM 机就可拿到这笔助学金，"女儿当时没有怀疑，抓起家里的雨披，骑着车就去了附近的一家银行。"

　　徐玉玉到银行后，按照电话中那人的提示，在 ATM 机上进行了一番操作，但并未成功。骗子又问她身上是否有其他银行卡，而此时，徐玉玉身上刚好装着交学费的银行卡，里面存有 1 万元钱，她就把这事给对方说了。接着，对方称那张交学费的银行卡还未激活，要她通过 ATM 机取出 9900元，通过这种方式激活银行卡，再把钱汇入指定的账号，还声称会在半个小时内，把这 9900 元连同助学金的 2600 元一起重新汇回来。徐玉玉没有怀疑，按照骗子说的完成了操作。过了一会儿，徐玉玉开始意识到有些不对，便给对方打电话，谁知对方电话已经关机。徐玉玉多么希望对方能如其承诺的那样，把钱再汇回来。此时，天空已经下起大雨，徐玉玉一个人苦苦地等着，等待奇迹的发生，然而半个小时过去了，徐玉玉绝望了。

　　雨中，徐玉玉骑着自行车，用最快的速度赶回家。见到母亲，徐玉玉说的第一句话就是："妈，我被人骗了，学费全没了!"说完就哭了起来。母亲看她哭得伤心，也没再责怪她，就安慰她说："全当花钱买了个教训，学费没了再给你凑，咱家供得起。"

　　可母亲的话并没有让徐玉玉心里好受些。也许，一万块钱对于很多家庭可能并不是大事，但在徐玉玉心里，母亲腿部残疾无法工作，父亲在外打零工挣钱，平均一个月只有三四千的收入，每个月刨去一家人的开销，已所剩无几，1 万元钱意味着父母要省吃俭用大半年才能凑出来。贫困的家境不允许她发生这种"花钱买教训"的错误，因为这太奢侈了……在她当时的心里，这 1 万元钱也许就是她的全部，自责、懊悔，还有说不出的绝望，让她一遍遍地喊着："咱家都这样了，为什么还有人来骗我!"

　　父亲徐连彬回忆，"从派出所出来之后，我骑着三轮车带着闺女，走了还没几分钟，寻思着刚下完雨有点凉，想叮嘱她穿上外套，结果一回头发现闺女头一歪，倒在车上，不省人事。"徐连彬赶紧停车，"我一抱她，发现身子都软了，赶紧拨打了 120。"后来经过医院一系列抢救，虽然暂时保住了生命，但仍未脱离危险。到 8 月 21 日晚上 9 点 30 分左右，徐玉玉最终离世。

　　反思徐玉玉，也许有人会分析出多种原因，诸如思想单纯，防范意识较差，贪小便宜，急功近利，缺乏社会生活经验和判别能力。但是一个值得注意的问题是，由于徐玉玉 2016 年 8 月 18 日曾接到过教育部门关于发放助学金的通知，而且是确有其事，所以 19 日这则诈骗电话并没有让徐玉玉产生怀疑，并一步步走入了骗子的陷阱。根据2015年的统计数据，我国公民个人信息泄露数量已经达到40亿条左右。随着互联网的发展，侵犯个人隐私、窃取个人信息、诈骗网民钱财等违法犯罪行为不断出现，已经成为影响国家公共安全的突出问题。

比较典型诈骗手段主要有以下几种：①投其所好，引诱上钩。一些诈骗分子往往利用被害人急于获得某些资源，投其所好、应其所急施展诡计骗取财物。②利用虚假合同实施诈骗。一些骗子利用青年人经验少、法律意识差、急于赚钱补贴生活的心理，常以公司名义、真实的身份让学生为其推销产品，事后却不兑现诺言和酬金而使学生上当受骗。由于没有完备的合同手续，追索酬金十分困难。③借贷为名，骗钱为实。个别人常以"急于用钱"为借口向其他同学借钱，然后挥霍一空，要债的人追紧了就再向其他同学借款补洞，拖到毕业一走了之。④推销伪劣商品行骗。一些骗子推销各种伪劣商品行骗。还有的以推销为名寻机作案盗窃。⑤以招聘勤工助学大学生行骗。一些大学生为了减轻家庭负担，参与勤工俭学活动。诈骗分子往往用招聘的名义，骗取介绍费、押金、报名费、培训费等。

警方曾经为了帮助识别诈骗，总结出"八个凡是"帮助防止诈骗的辅助手段，值得大家参考。①凡是自称公检法要求汇款的；②凡是叫你汇款到"安全账户"的；③凡是通知中奖、领取补贴要你先交钱的；④凡是通知"家属"出事要先汇款的；⑤凡是在电话中索要个人和银行卡信息及短信验证码的；⑥凡是让你开通网银接受检查的；⑦凡是自称领导（老板）要求打款的；⑧凡是陌生网站（链接）要登记银行卡信息的。针对上面"八个凡是"的情况都要慎重对待，其中大多是诈骗伎俩。

同时，要提醒青年朋友注意的是，还要留心新的诈骗形式。例如根据中国人民银行的新规，从2016年12月1日起，银行开始全面提供转账受理后24小时内可撤销和延迟到账服务。这一防范电信诈骗的新措施，在执行第一天就发挥了效果，多起电信诈骗被成功堵截。然而，也有民众反映，为新规"量身定制"的新型诈骗手法也随之而出，需要警惕。

敲诈勒索是指以非法占有为目的，对他人实行威胁，索取数额较大的公私财物的行为。其基本构成是：行为人以非法占有为目的对他人实行威胁，使被害人产生恐惧心理并基于恐惧心理被动做出交付财产的决定，导致行为人取得财产。

大学生要有效地预防被敲诈勒索，应注意以下几点。

首先，不贪不义之财，不做违法乱纪之事，不授人以柄。做到行为端正，心底坦荡无私，这就在很大程度上消除了预谋性的敲诈勒索产生的条件。

其次，注意隐私保密。对于不相识的人，不可随意倾诉自己的真实情况，更不能留下自己的姓名、地址，随时注意保护自己的隐私，也不要去关心别人的隐私。

再次，面对要挟和恐吓时，要保持清醒和冷静，应严厉斥责，大胆反抗，同时向公安机关报案，切不可"私了"。因为"私了"只会使犯罪分子得寸进尺，不要相信犯罪分子还有什么信用可言。受害人越害怕暴露隐私，犯罪分子就越嚣张。另外，不用担心报警后会使个人隐私公之于众，对于隐私，公安机关是有义务和责任保密的。

最后，要积极配合公安保卫部门工作。报案后，要大胆、详尽地回答侦查人员的问题，不能因顾及面子而隐瞒情况。同时要与公安机关保持密切联系，及时对犯罪分子提出的新要求、出现的新情况向公安机关报告，切不可单独行事。只有这样，才能坚决地打击违法犯罪行为，更好地保护自身合法权益。

（三）交通与旅行安全注意事项

"行走课堂"活动走出校园甚至去另外一个城市的机会较多，因此，注重交通与旅行安全意义重大。在交通与旅行中应当注意乘车时财物安全、住宿安全以及常见病的防止。

1. 财物安全

在使用公共交通工具时需要注意的犯罪手段有如下几种：①利用相似物盗窃。盗窃者往往事先物色好目标，在乘客的行李（旅行袋、提包、密码箱）旁边，放置一个相似的行李（里面装上一些极不值钱的东西），然后寻找机会或制造机会进行调包。如果当场被失主发现，犯罪分子则会很"客气"地向你赔礼道歉，佯装拿错而掩盖自己的罪行。②利用车（船）到站（码头）上下旅客较多且拥挤时，或车船上发生纠纷吵闹、乘客与送行者话别时，进行盗窃。同时，有的盗窃者还会有意制造混乱，然后伺机行窃。这些都需要引起注意。在普客列车乘务员查验车票时，一男青年自称没有买票，钻到座位底下躲避检查，在场的旅客只觉好笑。后来才发现，一位旅客放在座位底下的旅行袋被割开，里面的钱及票证被盗走。③与乘客拉关系，套近乎，设诱饵，骗取信任，趁便利之机或专门寻找便利的时机，随手拿走人家的东西，盗走财物。还有的设圈套、花言巧语、骗取钱财。

要保障财物安全需要做好如下工作：①时刻提高警惕。"害人之心不可有，防人之心不可无"，时刻提高警惕是必须的。同时，一旦发现有人违法犯罪或行窃，要勇敢机智地取得群众和乘务人员的支持，同犯罪分子做斗争。②做好财务保障措施。尽量把物品集中放在可以经常照看得到的地方，使物品随时在你的视线内，不要乱堆放，或放得过于零散。要事先准备好零用钱，将暂时不用的钱及贵重物品清点整理好，放在身上或其他可靠的地方，如身上穿着的内衣口袋里。不要当众频繁地打开钱包，以免暴露给他人。③在上下车船时提高警惕。上下车船时提前做好准备，把行李归拢在一起，清点一下。车（船）到站（码头）时，不要慌张，不用拥挤。④发现问题及时举报。当已经知道谁是作案者或有可疑人员时，要及时大胆地向车（船）上公安人员或乘务员报告、检举，并争取其他旅客支持，从而制服违法犯罪分子。

2. 住宿安全

要保障住宿安全。首先要选择合适的住宿的旅馆。一般说要注意两方面：一方面，交通要方便。旅行者时间比较紧迫，所以交通问题要放在重要位置。另一方面，收费要经济。在同一住宿条件下，收费便宜的旅店往往交通不方便，需要努力找到其中的平衡，尽量选择合适的旅馆。

入住之后需要注意如下问题：①随身带好身份证。②贵重物品随身携带，离开房间时关好房门和窗户。③住宿期间旅客如有贵重物品而又携带不便，可交到服务台办理保管手续（一般的星级宾馆都有这项服务）。④不要躺在床上吸烟，防止因烟灰掉落在床上而引起火灾。⑤不要携带易燃易爆品、放射性危险品带进入酒店。⑥不要从事嫖娼、吸毒、赌博等活动。⑦一旦发生失窃，尽快通知服务台并报警。

3. 旅行途中易发生的疾病及简易预防治疗方法

旅途中易发的疾病有晕动病、急性胃炎、伤风感冒、中暑、痛经等。

（1）晕动病，也叫"运动病"。人在乘车、船、飞机时发生头晕、恶心、呕吐等现象，其中少数人可能发展到面色苍白、大量出冷汗，甚至虚脱不省人事。对此病应以积极预防为好，在乘车、船、飞机前30分钟口服防治晕动病的药物，也可以口含一片生姜或一只话梅；或在前额、太阳穴处涂点清凉油（或风油精）；或在肚脐上贴一张伤湿止痛膏；自己用手指按压对侧内关穴或第二掌骨侧的胃穴，也有一定的防治效果。

（2）急性胃炎。引起急性胃炎的原因较多，如吃了被细菌或其毒素污染了的食物，饮食过量和酗酒，使用对胃有刺激性的药物等均可引起此病。旅途中预防急性胃炎主要是注意饮食卫生，少吃油腻、生冷和不易消化的食物，不要吃得过饱，多喝开水或茶水，同时要休息好，睡眠充足。一旦发病，要及时吃药治疗。

（3）感冒。感冒主要表现为鼻塞、打喷嚏、流清涕、咽部发痒，有的伴有畏冷、发热、食欲不振、头痛、咳嗽、胸闷及全身酸痛等。对此病的预防，要随气温变化及时增减衣服，防止受凉，经常吃些生姜、大蒜、食醋等。治疗中要注意休息好，多饮开水或茶水，忌冷饮冷食。

（4）中暑。遇上闷热潮湿的气候，人体散热困难，随着活动量增大，体内热量增加，就容易使体内热量贮积过多，当超过人体耐受限度时会发生中暑。表现为头痛、头昏、恶心、呕吐、耳鸣、眼花、心慌、气短、持续高热不退、无汗，严重者伴有昏迷抽风等症状。如有头昏、恶心等中暑征兆，应立即到通风阴凉处休息，服一支十滴水，口含人丹，或用清凉油、风油精涂太阳穴，一般能很快好转；较重者应平卧，用湿冷毛巾盖在头部，用冷开水或酒精擦身，同时用扇子扇风，促进皮肤降温，或给病人喝些盐凉开水、清凉饮料等，必要时送医院治疗。

（5）痛经。女生在旅途中，由于生活紧张，身体劳累，住处湿冷，饮食过凉等原因，可引起或加重痛经。痛经发作时，应卧床休息，精神放松，下腹部可放置热水袋，用热水洗脚，自我按压血海穴（在膝关节内上方约两寸①，屈膝时肌肉隆起处），有很好的止痛效果。腹痛较重时，应就医治疗。

---

① 1寸≈3.33厘米。

参考文献

阿奇舒勒，2004. 创新 40 法［M］. 舒利亚克，英译. 黄玉霖，范怡红，译. 成都：西南交通大学出版社.

阿奇舒勒，2004. 哇！发明家诞生了创造性解决问题的理论与方法［M］. 舒利亚克，英译. 范怡红，黄玉霖，译. 成都：西南交通大学出版社.

常立农，2003. 技术哲学［M］. 长沙：湖南大学出版社.

陈淑连，黄日恒，1992. 机械设计方法学［M］. 北京：中国矿业大学出版社.

邓国胜，王名，2001. 中国 NGO 研究 2001——以个案为中心［内部资料］. 联合国区域发展中心.

恩格斯，1972. 自然辩证法［M］. 北京：人民出版社.

方全，2004. 决策：来自全球一流企业最成功的经验［M］. 北京：中国物资出版社.

傅世侠，罗玲玲，2000. 科学创造方法论［M］. 北京：中国经济出版社.

高志亮，李忠良，2004. 系统工程方法论［M］. 西安：西北工业大学出版社.

侯玉兰，2009. 社区志愿服务理论与实务［M］. 北京：中国社会出版社.

胡志强，肖显静，2002. 科学理性方法［M］. 北京：科学出版社.

简召全，2011. 工业设计方法学［M］. 3 版. 北京：北京理工大学出版社.

李喜先，等，2005. 技术系统论［M］. 北京：科学出版社.

列宁，1956. 哲学笔记［M］. 中央编译局，译. 北京：人民出版社.

林政春，1993. 社会调查［M］. 台北：五南图书出版公有限司.

刘荆洪，2003. 创造思维与技法［M］. 武汉：武汉出版社.

刘思平，刘树武，1998. 创造方法学［M］. 哈尔滨：哈尔滨工业大学出版社.

鲁克成，罗庆生，1998. 创造学教程［M］. 北京：中国建材工业出版社.

栾玉广，等，2000. 科技创新的艺术［M］. 北京：科学出版社.

罗玲玲，1998. 创造力理论与科技创造力［M］. 沈阳：东北大学出版社.

罗玲玲，2006. 创新能力开发与训练教程［M］. 沈阳：东北大学出版社.

罗玲玲，2008. 让创意破壳而出：激发中学生创造力［M］. 北京：教育科学出版社.

罗绍新，2008. 机械创新设计［M］. 2版. 北京：机械工业出版社.

马克思，恩格斯，1995. 马克思恩格斯选集［M］. 中共中央马克思恩格斯列宁斯大林著作编译局，译. 北京：人民出版社.

马克思，恩格斯，2006. 马克思恩格斯全集［M］. 中共中央马克思恩格斯列宁斯大林著作编译局，译. 北京：人民出版社.

马克思，1975. 资本论. 北京：人民出版社.

马克思，2006. 1844年经济学哲学手稿［M］. 北京：人民出版社.

马树林，荣德林，1994. 企业管理哲学［M］. 北京：中国铁道出版社.

迈克尔 A. 奥尔洛夫，2010. 用TRIZ进行创造性思考实用指南［M］. 陈劲，朱凌，郑尧丽，等，译. 北京：科学出版社.

庞元正，董德刚，2004. 马克思主义哲学前沿问题研究［M］. 北京：中共中央党校出版社.

乔治·巴萨拉，2000. 技术发展简史［M］. 周光发，译. 上海：复旦大学出版社.

乔治·巴萨托，2002. 技术发展史［M］. 周光发，译. 上海：复旦大学出版社.

习近平，2014. 习近平谈治国理政［M］. 北京：外文出版社.

施培公，1999. 后发优势［M］. 北京：清华大学出版社.

覃礼刚，2001. 现代全能策划［M］. 北京：中国经济出版社.

王晋刚，张铁军，2005. 专利化生存：专利刀锋与中国企业的生存困

境 [M]. 北京：知识产权出版社.

吴明泰，刘武，谢燮正，1985. 工程技术方法 [M]. 沈阳：东北工学院出版社.

熊正妩，2012. 我国志愿者权益保护法律问题研究 [D]. 重庆：西南大学.

亚里士多德，1965. 政治学 [M]. 吴寿彭，译. 北京：商务印书馆.

亚历山大·柯萨科夫，威廉姆·N. 斯威特，2006. 系统工程原理与实践 [M]. 胡保生，译. 西安：西安交通大学出版社.

杨杰民，杨宇，2007. 发明学 [M]. 合肥：合肥工业大学出版社.

杨乃定，2004. 创造学教程 [M]. 西安：西北工业大学出版社.

杨清亮，2008. 发明是这样诞生的：TRIZ 理论全接触 [M]. 北京：机械工业出版社.

姚凤云，苑成存，2006. 创造学理论与实践 [M]. 北京：清华大学出版社.

约翰·齐曼，2002. 技术创新进化论 [M]. 孙喜杰，曾国屏，译. 上海：上海科技教育出版社.

岳增瑞，2002. 努力成为勇于和善于创新的典范. 求是 20.

在实现中国梦的生动实践中放飞青春梦想，习近平谈治国理政 [M]. 北京：外文出版社，2014，第 54 页.

张大松，2008. 科学思维的艺术科学思维方法论导论 [M]. 北京：科学出版社.

张伟刚，2006. 科学方法论 [M]. 天津：天津大学出版社.

张远凤，2012. 社会创业与管理 [M]. 武汉：武汉大学出版社.

张正霖，帅重庆，张靖若，1993. 管理哲学 [M]. 北京：企业管理出版社.

张子睿，2005. 创造性解决问题 [M]. 北京：中国水利水电出版社.

张子睿，2008. 大学生创新与创业能力提升 [M]. 北京：科学出版社.

张子睿，2015. 创造创新理论与实践 [M]. 北京：光明日报出版社.

赵惠田，谢燮正，1987. 发明创造学教程 [M]. 沈阳：东北工学院出版社.

赵明华，2004. 创意学教程 [M]. 西安：西北工业大学出版社.

钟学富，2007. 社会系统：社会生活准则的演绎生成 [M]. 北京：中国社会科学出版社.

朱文坚，刘小康，2006. 机械设计方法学（第二版）［M］. 广州：华
　南理工大学出版社.